Aug Almen

Analyse des Fleisches einiger Fische

Aug Almen

Analyse des Fleisches einiger Fische

ISBN/EAN: 9783743317178

Hergestellt in Europa, USA, Kanada, Australien, Japan

Cover: Foto ©berggeist007 / pixelio.de

Manufactured and distributed by brebook publishing software
(www.brebook.com)

Aug Almen

Analyse des Fleisches einiger Fische

ANALYSE

DES

FLEISCHES EINIGER FISCHE

VON

AUG. ALMÉN.

(MITGETHEILT DER KÖNIGL. GESELLSCHAFT DER WISSENSCHAFTEN ZU UPSALA AM 7 APRIL 1877).

UPSALA 1877.
DRUCK DER AKADEMISCHEN BUCHDRUCKEREI.
ED. BERLING.

Bei verschiedenen Gelegenheiten und nun zuletzt in meinen neulich beendigten Vorlesungen über die Nahrungsmittel habe ich über die Zusammensetzung und den Nahrungswerth unserer zur Speise mehr allgemein dienenden Fischarten berichten müssen, und dabei den Mangel an zuverlässigen Angaben über die Menge und Beschaffenheit der verschiedenen nährenden Stoffe dieser Fische sehr fühlbar gefunden, um so mehr, weil die Arbeiten der meisten, auch neueren Verfasser gewöhnlich nur einige wenige und dürftige Mittheilungen hierüber enthalten. Über die Beschaffenheit und den Werth derjenigen Fische, die in gesalzener oder getrockneter Form vom Volke in grosser Menge verbraucht werden, und die also eine besondere Aufmerksamkeit verdienen, fehlen fast alle Angaben. Für einige wird z. B. nur der Gehalt an Wasser und Salzen angegeben, mit Rücksicht aber auf die übrigen wichtigeren Stoffe fehlt jegliche Angabe.

Bedenkt man die grosse Bedeutung, welche die Fische bei uns als Nahrungsmittel haben, so ist wohl nicht in Abrede zu stellen, dass vollständigere Analysen derselben von Nöthen sind, wenn man den Nahrungswerth der Fische ermitteln und z. B. mit demselben des Rindfleisches und anderer wichtigen Nahrungsmittel vergleichen will. Dass solche Untersuchungen bisher unterblieben sind, ist um so mehr befremdend, da verschiedene andere Nahrungsmittel, die doch im Vergleich zu Fischen eine untergeordnete und unbedeutende Rolle spielen, auch in der neueren Zeit untersucht worden sind.

Um einigermassen diesem Mangel abzuhelfen, machte ich mich anfänglich an eine Untersuchung des Kabeljaus, Fischmehles und des Stockfisches. Später wurde die Untersuchung auf mehrere andere allgemein angewandte Fischarten ausgedehnt, z. B. auf den Hering, den Strömling, die Makrele u. s. w., damit die Analysen sich auf so viele verschiedene Arten von Fischen erstrecken konnten, dass sich aus ihnen zuverlässige Vergleichungen zwischen denselben anstellen liessen und die darauf verwandte Zeit nicht als ganz und gar vergeudet zu betrachten wäre.

Um mich der zu wünschenden Kürze zu befleissen und die Vergleichungen zu erleichtern, will ich unter folgenden Rubriken:

a) die bei den Untersuchungen angewandten Methoden,

b) die Specialuntersuchungen verschiedener Fleischarten, und

c) eine tabellarische Zusammenstellung der dergestalt erreichten Resultate mit Rücksicht auf frische, gesalzene und getrocknete Fische mittheilen und darauf zwischen denselben sowie auch mit dem Rindfleisch Vergleichungen anstellen, um endlich:

d) daraus eine kurze Anwendung auf das Praktische mit Rücksicht auf den Nahrungswerth und Verkaufspreis der verschiedenen Fischarten zu machen.

A. DIE BEI DEN UNTERSUCHUNGEN ANGEWANDTEN METHODEN.

Zu Anfang sei hier die Bemerkung gemacht, dass der Zweck dieser Untersuchungen nicht gewesen ist, die verschiedenen Eiweisskörper, die es bei den Fischen giebt, zu studiren und inwiefern diese von den entsprechenden Stoffen in dem Fleische der Säugethiere abweichen, sondern war es nur meine Absicht, die Menge der verschiedenen Nahrungsstoffe anzugeben, die im Fleisch der Fische enthalten ist und dadurch einen Vergleich zwischen den verschiedenen Fischarten wie auch zwischen diesen und dem Rindfleisch zu ermöglichen. Ich habe mich deshalb nicht damit abgegeben, neue Methoden zu erdenken, sondern habe nur die allgemein bekannten in Anwendung gebracht. Weil verschiedene Personen auch bei denselben Methoden bisweilen zu ungleichen Resultaten kommen, habe ich, um den Vergleichungen eine grössere Zuverlässigkeit zu verleihen, Rindfleisch und Fische auf gleiche Weise untersucht und die dergestalt für das Rindfleisch gefundenen Zahlen mit aufgenommen.

Die Untersuchung des Rindfleisches als Nahrung bezweckt gewöhnlich, die Menge der verschiedenen Nährstoffe des Fleisches selber oder der Muskel zu ermitteln, weshalb diese so weit als thunlich ist von anderen Stoffen, als Knochen, Sehnen, Fett und dergl., befreit wird, ehe man an die Untersuchung schreitet. Bei der Untersuchung des oft farblosen und fast weissen Fischfleisches können die fremden Stoffe nicht mit derselben Leichtigkeit und Vollständigkeit, wie bei den Analysen des rothen Rindfleisches, entfernt werden. In den Fischen giebt es eine Menge Grätchen, die überall in der Fleischmasse verbreitet sind und dieselbe Farbe wie diese haben. Diese sind schwerlich zu entfernen und verbleiben bei der Untersuchung in der Fleischmasse. Durch ihren Reichthum an Knochenerde und Leimbildnern vermehren diese Grätchen die Quantität der Salze und vorzugsweise dieselbe der unlöslichen Salze und des Leimes. Da es indessen bei diesen Untersuchungen nicht in der Absicht gelegen hat, einen Vergleich zwischen der Muskelsubstanz der Fische und der Säugethiere anzustellen, sondern einen Vergleich zwischen den verschiedenen Fischen und dem Rindfleisch als Nahrungsmittel, ist das Fleisch der Fische zur Untersuchung nicht sorgfältiger vorbereitet worden, als bei der gewöhnlichen Bereitung der Speisen stattfindet.

Bei der Untersuchung von frischen Fischen sind diese zuvor geschuppt worden. Sodann wurde der Kopf abgeschnitten und die Eingeweide ausgenommen. Nachdem man die so gewonnene Fleischmasse mit der daran befindlichen entschuppten Haut ausgeschnitten hatte, wurde alles Fleisch von dem Rückgrat, dem Schwanze und den knochigen Flossen genau abgeschrapt. Die ganze Fleischmasse wurde sodann fein geschnitten, durch einander gemengt und in einer Reibschale zu einer feinen homogenen Masse zerstossen. Die Vermengung geschah mit der grössten Sorgfalt, damit das gewöhnlich so fettreiche Fleisch des Bauches überall gleichförmig mit dem mehr mageren Fleische des Rückens und des Schwanzes vermischt wurde.

Von dieser homogenen und feingestossenen Fleischmasse sind zu den besonderen Analysen verschiedene Theile abgewogen worden.

1. *Bestimmung des Wassers, der Trockensubstanz und der Salze.*

1. a. Die Menge des Wassers, der festen Stoffe oder Trockensubstanz und der Salze wurde in der nämlichen Fleischmasse, nämlich 15—20 Gr., bestimmt. Dieses genau abgewogene Quantum wurde in einer kleinen Platinschale erst im Wasserbad und dann im Trockenschrank bei 110° C. so lange ausgetrocknet, bis sich ein constantes Gewicht ergab. Dabei ist darauf zu achten, dass die Fleischmasse nicht in grössere Klumpen eintrocknet, denn diese werden dann, besonders auf der Oberfläche, so hornig und der Luft so undurchdringlich, dass ein voll-

ständiges Trocknen, wenn auch nicht gerade zu unmöglich, doch sehr erschwert wird. Man muss deshalb mittelst eines am liebsten vorher gewogenen groben Glasstabes oder einer feinen Pistille die von der Hitze coagulirte Fleischmasse in ein Pulver verwandeln und hierzu den geeignetsten Zeitpunkt wählen, wenn nämlich die Albuminate spröde sind und einzutrocknen anfangen, denn in dem Grade, wie das Wasser daraus verschwindet, geschieht die Pulverisirung leicht, welche sich sonst nur mit grosser Schwierigkeit und Verlust bewerkstelligen lässt, wenn die Masse einmal halbtrocken, zähe und hornig geworden ist. Da die unlöslichen Proteinstoffe sowohl hinsichtlich der Menge als des Werthes die wichtigsten Bestandtheile des Fleisches sind und da diese sich nicht direct bestimmen lassen, sondern aus dem Verlust berechnet werden müssen, so ist es von grösster Wichtigkeit, dass das Trocknen vollständig werde, denn sonst könnte möglicherweise das in dem hornartigen Reste sich noch befindende Wasser als unlösliche Proteinstoffe berechnet werden. Der Gewichtsverlust nach dem *vollständigen* Trocknen entspricht der Menge des Wassers, und der trockene Rest giebt die Trockensubstanz an.

1. b. Die bei 1. a. erhaltene Trockensubstanz ist bei einer *niedrigen*, *allmälig* gesteigerten Hitze eingeäschert worden. Ist die Hitze nicht bis dahin vermehrt worden, dass die Chloralkalien geschmolzen worden sind, so ist die directe Verbrennung gelungen und die gewogene hellgraue Asche entspricht der Menge der Salze. Gelang indessen die directe Verbrennung nicht, so wurde die Kohle mit Wasser ausgekocht, auf ein Filtrum genommen, welches getrocknet und verbrannt wurde. Der Rückstand nach Abzug der Asche des Filtrums entspricht dann den unlöslichen Salzen. Die in dem Filtrate vorhandenen Salze sind in einer Platinschale bei 110° C. bis zu einem constanten Gewicht eingetrocknet und dann gewogen worden. Die Summe der unlöslichen und löslichen Salze entspricht den sämmtlichen Salzen. Wo die directe Verbrennung gelang, ist die gewogene Asche mit Wasser ausgekocht worden und die unlöslichen Salze wurden dann abfiltrirt, getrocknet, verbrannt und gewogen. Die Menge der Asche, den darin vorhandenen unlöslichen Salze abgezogen, giebt die Quantität der löslichen Salze an. Durch Titrirung mit $\frac{1}{10}$ Normallösung salpetersauren Silberoxids wurde die Menge des Chlors bestimmt. In den frischen Fischen kommt das Chlor hauptsächlich als Chlorkalium vor, in den gesalzenen dagegen beinahe ausschliesslich als Chlornatrium. Für jene wird deshalb der Chlorgehalt als nicht irreführend angegeben, während dagegen für diese der Gehalt an Chlornatrium

angegeben wird, damit man sofort die Menge des beim Salzen hinzugesetzten Kochsalzes beurtheilen kann. Ein geringerer Theil der Chlor-
metalle dürfte bei dem Verbrennen verloren gegangen und die Resultate
deshalb etwas fehlerhaft geworden sein. Da aber das Verfahren sich
immer gleich geblieben ist, dürfte man auch zu Vergleichungen zwischen
den angegebenen Ziffern berechtigt sein.

2. *Bestimmung des im Wasser löslichen Albumins, der leimgebenden
Stoffe oder des Bindegewebes und der Extractivstoffe.*

2. a. Die Menge dieser Bestandtheile ist in der nämlichen
Fleischmasse bestimmt worden, wozu gewöhnlich 33,33 Gr. des feingestossenen Gemenges in Anwendung gebracht wurden. Die abgewogene Fleischmasse wurde in ungefähr 250 Gr. destillirten Wassers hineingerührt, das Umrühren 8—12 Stunden hindurch häufig
wiederholt und dann durch Papier mittelst eines Bunsenschen Aspirators filtrirt. Das Ungelöste wurde dann zum zweiten Mal mit eben so
viel destillirtem Wasser auf dieselbe Weise ausgezogen und später noch
ein Mal auf dem Filtrum gewaschen. Die sämmtlichen Filtrate machten in
der Regel ungefähr 600 c.c. aus, wurden aber in einer Porcellanschale
zu einem Rest von ungefähr 70—100 eingekocht. Das dabei gewöhnlich
in groben, leicht zu filtrirenden Flocken abgeschiedene Albumin wurde
auf ein Filtrum genommen, mit kochendheissem Wasser ausgewaschen, bei
110° C. vollständig getrocknet und zwischen 2 Uhrgläsern gewogen.
Bei einigen Fischarten ist es bei dem zweiten Ausziehen mit Wasser
vorgekommen, dass das Ungelöste gallertartig und syntoninähnlich wurde und schwer zu filtriren war. Mittelst des Aspirators und recht
vieler Geduld ist die Filtrirung doch immer gelungen. Je länger die
Ausziehung mit neuem Wasser fortgesetzt wurde, desto gallertartiger wurde
der Rückstand, ohne dass deshalb eine nennenswerthe Quantität des löslichen Albumins in die Lösung überging (s. Barsch). Ob diese Eigen-
thümlichkeit einiger Fische auf fehlender Säure in der Muskel, auf der
Todesart, oder darauf, dass die betreffenden Fische zu dieser Jahreszeit
gefroren waren und dadurch die Fleischmassen sich verändert hatten,
oder auf einer anderen Ursache beruhte, kann ich nicht angeben. Beim
Kochen war nicht eher eine vollständige Coagulation zu erreichen, als
bis einige, z. B. 5—10 Tropfen, Essigsäure hinzugesetzt waren. Das Fleisch
einiger Fische giebt beim zweiten Filtrat einen so schwachen Säure-
grad, dass man durch das Kochen allein ohne Zusatz von Essigsäure

keine vollständige Fällung der Albuminate erzielen würde, weshalb dann das Filtriren langsam von statten geht und das Filtrat während des Abdunstens zum Extract caseinähnliche Häute absetzt. Diesem kommt man zuvor, wenn man während des Einkochens bei der Fällung der Albuminate ein wenig Essigsäure hinzusetzt. Ist die Menge des gefällten Albumins beträchtlich (0,5—1 Gr.), wird dessen vollständiges Trocknen auf dem Filtrum mühsam und schwer. Wenn dagegen die halbtrockene ziemlich feste Masse, die am Filtrum haftet, mit einem scharfen Federmesser in dünne Scheiben geschnitten wird, die auf die gewogenen Uhrgläser gesammelt werden, so geht das Trocknen schnell und vollständig von Statten.

2. b. Das Filtrat des gefällten Albumins wurde in einer Platinschale in einem Wasserbade bis zur Trockniss abgedunstet, bei 110° C. *vollständig* getrocknet und dann gewogen. Durch ein gelindes 2—4-stündiges Erhitzen gelang die unmittelbare Verbrennung in der Regel in derselben Platinaschale, welche während der Verkohlung mit einer noch grösseren Platinaschale bedeckt wurde, die demnach als ein losliegender Deckel zu jener diente. Die gewogene helle Asche wurde von dem vorhin erhaltenen Gewichte abgezogen; der Verlust entsprach dann der Menge der Exstractivstoffe. Gelang die unmittelbare Verbrennung nicht, wurde die Menge der löslichen und unlöslichen Salze einzeln bestimmt, wonach deren Summe von den vorher zusammen gewogenen Salzen und Extractivstoffen abgezogen wurde, wo der Rest der Menge der Extractivstoffe entsprach.

2. c. Der im Wasser unlösliche Theil des Fleisches wurde sorgfältig von dem Filtrum befreit und dann ungefähr 12 Stunden in einer porcellanenen Schale in einer grösseren Menge Wasser, etwa 500—600 c.c. gekocht. Die Schale war mit einem grossen Trichter bedeckt und in dem Grade, als das Wasser wegkochte, wurde neues destillirtes hinzugegossen. Während des Kochens setzten sich an den Wänden der Schale gelbe, dünne Häute ab, die Leim glichen, im kochenden Wasser sich aber nicht lösten. In einem Glaskolben gelang das Kochen nicht, denn die Stösse waren so gewaltig, dass der Inhalt hinausgeschleudert wurde, welches auch ein paar Mal beim Kochen in der porcellanenen Schale vorkam. Die kochendheisse Leimlösung wurde abfiltrirt, das Ungelöste wiederum mit einer grösseren Menge Wasser gekocht, filtrirt und mit kochendheissem Wasser gewaschen, wonach die gewöhnlich schwachgelben Leimlösungen in einer Porcellanschale bis zu einem geringen Volumen eingekocht, sodann in eine Platinschale übergeführt und

erst im Wasserbad und zuletzt im Trockenschrank eingetrocknet wurden.
Der Rückstand glich feiner Gallerte, obgleich derselbe beim Abkühlen
nicht erstarrte. Vollständig rein ist dieser Leim allerdings nicht; er enthält nämlich u. A. einige in kaltem Wasser unlösliche Salze. So ergab
z. B. der von der Scholle erhaltene Leim 3 $^0{}_0$ Asche $= 0,1$ $^0{}_0$ des angewandten Fischfleisches. Mit derselben Fleischmasse erhält man recht
übereinstimmende Resultate, z. B. für Barsch bei einem Versuch 3,71
und bei einem anderen 3,77 $^0{}_0$ Leim. Bei fortgesetztem 12-stündigem
Kochen erhält man noch mehr Leim, wenn auch dessen Menge im Vergleich zu der, die in den ersten 12 Stunden gewonnen wurde, recht unbedeutend ist (vergl. Scholle). Die Bestimmungen der Menge der leimgebenden Stoffe sind doch meiner Ansicht nach die am wenigsten zuverlässigen der in der Tabelle angegebenen Ziffern, obgleich sie für die
Vergleichung vollständig geeignet sind, da die Bestimmungen alle auf
die nämliche Weise ausgeführt worden sind.

3. Bestimmung des Fettes.

Die Menge des *Fettes* ist auf die Weise ermittelt worden, dass
ein besonders abgewogener Theil der Fleischmasse, je nach dem verschiedenen Fettgehalt zwischen 10 und 30 Gr. schwankend, eingetrocknet
und dann pulverisirt wurde, wonach ich deiselbe ferner zu einem sehr
feinen Pulver zerrieb. Dieses Pulver wurde nun in ein spitz ausgezo-
genes langes Glasrohr gethan, das unten mit so viel Baumwolle gefüllt
war, dass die Ätherlösung klar hindurchging. Nachdem eine hinreichende Menge Äther, mit ganz wenig 97-procentigem Alkohol versetzt,
hinzugegossen worden war, wurde durch abwechselnde Erhitzung und
Abkühlung eines mit dem Glasrohr luftdicht verbundenen, vorher genau
tarirten leichten Glaskolbens das feine Fleischpulver von allem Fett vollständig extrahirt. Die klare Lösung wurde sodann nach der Abdestilli-
rung des Äthers im Wasserbade so lange eingetrocknet, bis das Gewicht constant blieb. Die Extraction war immer vollständig, und die
Fehler können nur ganz unbedeutend sein, wie weiter unten nachgewiesen werden wird.

4. Bestimmung der unlöslichen Proteinstoffe.

Da die Menge der unlöslichen Proteinstoffe aus leicht einzu-
sehenden Gründen sich nicht direct bestimmen lässt, so pflegt man dieselbe auf die Weise zu berechnen, dass man von der Summe der festen

8 Aug. Almén.

Stoffe oder der Trockensubstanz die übrigen darin enthaltenen Stoffe, als Salze, Fett, Extractivstoffe, Leimbildner und lösliches Albumin abzieht, wobei der Rest dann den unlöslichen Proteinstoffen entspricht.

Alle Fehler, die bei diesen Bestimmungen nicht zu vermeiden sind, wirken demnach auf die Menge der unlöslichen Proteinstoffe ein. Da aber diese zu den wichtigsten Bestandtheilen des Fleisches gehören, so habe ich aus diesen beiden Gründen es für nothwendig erachtet, durch eine besondere Stickstoffbestimmung und darauf sich stützende Berechnung die Menge der Proteinstoffe zu controliren.

Diese Stickstoffbestimmungen sind in der gewöhnlichen Weise durch Verbrennung mit Natronkalk ausgeführt worden. Von der homogenen Fleischmasse wurde die nöthige Quantität, von frischen Fischen 3—4 Gr., abgewogen, und in einer kleinen Porcellanschale im Wasserbad unter Umrühren und Pulverisiren eingetrocknet. Die trockene Masse wurde dann zu dem *feinsten* Pulver zerrieben, wobei die kleinen Hautstücke des Fisches grossen Widerstand leisteten. Dieses äusserst feine Pulver wurde noch einmal durch einander gemengt und dann mit dem Natronkalk innig zerrieben. Die Verbrennung wurde zuerst in einem Glasrohr, später aber in einem Porcellanrohr ausgeführt, in welchem letzteren dieselbe ruhiger vor sich ging. Der entwickelte Ammoniak wurde in titrirter Schwefelsäure von Normalstärke aufgefangen. Durch Titrirung mit Natronlauge von ¹/₃ Normalstärke wurde die Menge des dem Ammoniak entsprechenden Stickstoffs berechnet.

Bei den ersten Verbrennungen bildeten sich farbige Verbrennungsproducte, die der Schwefelsäure eine blassrothe Farbe verliehen und die Titrirung dadurch etwas unsicher machten. Die Lackmusfarben waren doch überwiegend und die Unsicherheit betrug nicht mehr als 0.2, höchstens 0.4 c.c. der Natronlauge, welches nur 1—2 Milligrammen Stickstoff entspricht und im Allgemeinen für diese Bestimmungen und deren praktischen Zweck von keiner Bedeutung ist. Übrigens gelang es mir, diese farbigen Verbrennungsproducte zu vermeiden, so bald das Rohr im offenen Ende mit *grobem* Natronkalkpulver gefüllt wurde, welches den Verbrennungsproducten gestattete, durch die ganze Masse hindurchzugehen. Wenn aber nur feines Pulver angewandt wurde, gingen dieselben in den oben sich bildenden leeren Raum hinein.

Ohne mich auf die in den letzteren Jahren oft angefochtene Frage der Genauigkeit dieser Stickstoffbestimmungen mit Natronkalk einzulassen, will ich nur erwähnen, dass die trockene Substanz äusserst fein pulverisirt und sorgfältig mit dem Natronkalk vermischt wurde, dass der letztere rein war, wovon ich mich einestheils durch qualitative Prüfung, durch Erhitzung mit Zucker, anderntheils durch Verbrennung von 1.5 Gr. reinem Zucker mit 15 Gr. Natronkalk überzeugte. In beiden diesen Versuchen bildete sich kein Ammoniak. Ein anderer und älterer Vorrath von Natronkalk enthielt dagegen Cyan- oder andere Stickstoffverbindungen, die beim Verbrennen Ammoniak gaben. Durch das Verbrennungsrohr wurde Luft langsam hindurchgeleitet, aber nicht eher, als bis dasselbe bedeutend abgekühlt war. Als Beleg für die Zuverlässigkeit und erforderliche Genauigkeit der ausgeführten Stickstoffbestimmungen mit Rücksicht auf den beabsichtigten Zweck sei erwähnt, dass 2 solche Bestimmungen mit Fischmehl 12.17 und 12.21 Proc. N und 2 andere mit frischem Dorsch 2.63 und 2.72 Proc. N ergaben; und betrug demnach die Ungleichheit oder der Fehler nicht einmal 0.1 Proc. N = 0.5 Proc. der Proteinstoffe.

B. UNTERSUCHUNG DER VERSCHIEDENEN FLEISCHARTEN.

a. Frische Fische und Rindfleisch.

5 [1]). Gemeines Rind. Bos taurus Lin. Oxe. Boeuf ordinaire. Domesticated ox.

Von gewöhnlichem, beim Schlachter gekauftem Fleisch wurden die Sehnen, das Fett und andere fremde Stoffe ausgeschnitten, wonach das Fleisch, in kleine Stücke zerschnitten und zu einer feinen homogenen Masse zerstossen, zu folgenden, in der vorhin angegebenen Weise ausgeführten Bestimmungen angewandt wurde.

1. 15 Gr. ergaben einen vollständig ausgetrockneten Rückstand von 3.540 Gr. = 23.60 Proc. Bei einem neuen Versuch mit anderem Fleisch gaben 17.835 Gr. Fleischmasse 4.080 Gr. = 22.88 Proc. Trockensubstanz. Als Durchschnittszahl beider Analysen erhält man also 23.24 Proc. feste Stoffe und 76.76 Proc. Wasser.

Die oben angewandten 15 Gr. Fleisch gaben 0.169 Gr. Asche, 0.097 unlösliche und 0.072 Gr. lösliche Salze enthaltend. Dieses entspricht 1.13 Proc. Salzen, davon 0.65 Proc. unlösliche und 0.48 Proc. lösliche, welche 0.059 Proc. Chlor enthielten.

---

[1]) 5 bezeichnet die Nummerfolge in der tabellarischen Übersicht, wo das Fleisch nach der Menge der Trockensubstanz oder der nährenden Stoffe geordnet worden ist.

2. 33.33 Gr. Fleischmasse gaben 0.709 Gr. 2.13 Proc. löslichen
Albumins, 0.649 Gr. = 1.95 Proc. Extractivstoffe, 0.487 Gr. = 1.46 Proc. Leim.
3. 33.33 Gr. Fleischmasse gaben nach dem Austrocknen und dem
Pulverisiren durch Extraction mit Äther etc. 0.760 Gr. = 2.28 Proc. Fett,
von gelber Farbe und harter Consistenz, dem Talg gleichend.
4. 4 Gr. Fleischmasse gaben beim Verbrennen mit Natronkalk
0.1331 Gr. = 3.328 Proc. N, welches mit 5.34 multiplicirt — welche Zahl,
wie weiter unten nachgewiesen werden wird, für die Berechnung der
Proteinstoffe der rechte Coefficient ist —, 17.77 Proc. Proteinstoffe macht,
während die Menge derselben nach den Detailanalysen 17.88 Proc. beträgt
(vergl. Tab. 5. d.). Dieses zeigt eine vorzüglich gute Übereinstimmung
zwischen der gefundenen und der berechneten Menge der Proteinstoffe.
    In der Tabelle habe ich unter 5. a—o die Procentberechnungen
der im Rindfleisch bestimmten Stoffe zusammengestellt und will ich nun
nachsehen, ob diese mit anderen Angaben hierüber übereinstimmen oder
davon abweichen. Die Menge des Wassers beträgt nach oben 76.8 Proc.
und wird nach Berzelius, Schlossberger, Schulz und v. Bibra zu
77—77.5 Proc. angegeben, während die meisten Lehrbücher über Nahrungsmittel, z. B. die von Hammarsten, Moleschott, Letheby, Smith und
Pavy zu niedrige Angaben für den Wassergehalt enthalten, indem sie
denselben zu nur 72 bis 73 Proc. angeben. Payen wiederum giebt denselben
zu 78 Proc. an. Die festen oder nährenden Stoffe des Rindfleisches betrü-
gen also nach den Lehrbüchern 27.5 Proc., während sie in Wirklichkeit
nur 23 Proc. ausmachen. Hier ist nur, wie oft erwähnt, die Rede von Muskelsubstanz oder von solchem Fleisch, das zuvor vom gröberen Fett, von Sehnen und Knochen befreit wurde, und nicht von solchem, wie man es gewöhnlich beim Schlachter kauft, welches oft so viel Talg enthält, dass das
Ganze oder die Mischung von Fleisch und Talg nach Pavy nur 51 Proc.
Wasser, 15 Proc. Proteinstoffe und 30 Proc. Fett enthält.
    Das lösliche Albumin wird in der Tabelle 5. a. zu 2.1 Proc. ange-
geben, welches mit den Angaben Anderer, z. B. v. Bibra's, Berzelius' und
Schlossbergers, die es zu 2.0—2.2 Proc. angeben, gut übereinstimmt. Die
Menge der Leimbildner wird von v. Bibra und Berzelius zu beinahe 2 Proc.
angegeben, von mir aber nur zu 1.5 Proc., welches wohl etwas zu niedrig
sein dürfte, und auf den vorhin angegebenen Gründen und der Mangel-
haftigkeit der Methoden beruht. Schlossberger giebt übrigens eine
noch geringere Menge der Leimbildner oder 1.3 Proc. an. Die Menge des
Fettes ist nach 5. f. 2.3 Proc., oder fast dieselbe, wie v. Bibra sie angiebt.
Für das vom Schlachter eingekaufte fette Fleisch oder das Gemisch

von Talg und Fleisch wird ein viel grösserer und sehr schwankender Fettgehalt, von 20—35 Proc. angegeben. Die Menge der Extractivstoffe und Salze wird oft, z. B. von englischen Verfassern zusammen und dann gewöhnlich zu 3—4 Proc. angegeben; wo dieselben besonders angegeben werden, stimmen sie im Allgemeinen mit den in der Tabelle angegebenen Ziffern überein.

Der hauptsächliche Werth des Fleisches als Nahrung wird unbestreitbar von dem Reichthum an Proteinstoffen bedingt, und da es vom physiologisch-chemischen Gesichtspunkte aus gewiss von geringer Bedeutung ist, ob die Leimbildner darin zu 1 oder 2 Proc. enthalten sind, so ist hauptsächlich die Aufmerksamkeit auf die Summe der Proteinstoffe zu richten, die von GIRARDIN [1]) zu 17.9 Proc., von BIBRA zu 19.4, von BERZELIUS zu 19.9 und von SCHLOSSBERGER zu 21 Proc. angegeben werden. Nach PAYEN enthält Rindfleisch 3 Proc. N, die mit 6,5 multiplicirt werden müssen, um die Menge der Proteinstoffe zu erhalten; welche also 19.5 sein würde. Nach LETHEBY und PAVY beträgt dieselbe 19.3 und nach SMITH 18 Proc. HAMMARSTEN giebt die von MOLESCHOTT berechnete Durchschnittszahl 20.7 Proc. an. Welche von diesen Zahlen der Wirklichkeit am nächsten kommt, lässt sich schwer entscheiden.

Der von N Proc. berechneten Proteinmenge kann nur geringe Bedeutung beigelegt werden, so lange man zur Multiplication Zahlen anwendet, die sich der Zahl 6.5 nähern. Zu 6.3 herabgesetzt, liesse sie sich für reine Proteinstoffe anwenden, aber keinesweges für Fleisch mit einem Gehalt von etwa 2 Proc. Extractivstoffen, die allerdings fast eben so reich an Stickstoff sind, wie die reinen Proteinstoffe, deren Nahrungswerth aber dessen ungeachtet ein ganz anderer ist, als derjenige der Proteinstoffe. Von grösserem Werth sind die auf Specialbestimmungen des löslichen Albumines, des Leimes und der unlöslichen Proteinstoffe sich

---

[1]) Da der Hauptzweck dieser Abhandlung ist, analytische Data in Betreff der Beschaffenheit des Fischfleisches als Nahrungsmittel und dessen Nahrungswerth zu liefern, so ist es nicht mein Bestreben gewesen, vollständige Auszüge aus der hierhergehörenden Literatur zu machen. Ich glaube aber doch angeben zu müssen, woher die in dem Folgenden angeführten Ziffernangaben genommen sind. Diese Quellen sind: MOLESCHOTT, Physiologie der Nahrungsmittel. II. Auflage. Giessen 1859. SCHLOSSBERGER, Vergleichende Thierchemie. 1856. Gorup Bezanes. PAYEN, Precis des Substances élémentaires, IV. Edit. Paris 1865. LETHEBY, On Food, II. Edit. London 1872. SMITH, Edw., Foods. London 1873. PAVY, A Treatice on Food and Dietetics, II Edit. London 1875. HAMMARSTEN, Om Födoämnen. Ur vår tids forskning. Stockholm 1875.

gründenden Berechnungen eines Berzelius, Schlossberger und v. Bibra
mit der Durchschnittszahl 20.1 Proc. Proteinstoffe. Hierbei ist jedoch der
wichtige Umstand nicht zu übersehen, dass von ihnen das Fett nicht bestimmt worden ist und dass also dessen Menge von den berechneten unlöslichen Proteinstoffen abzuziehen ist. Es ist anzunehmen, dass die Menge des
Fettes der in der Tabelle angegebenen Menge 2.3 Proc. entspricht, die von
der Menge der Proteinstoffe 20.1 Proc. abgezogen, 17.8 Proc. als Zahl der
wirklichen Proteinstoffe giebt. Dieses stimmt mit der von N Proc. in der
Tabelle 5. l. berechneten Zahl, und ist übrigens auch der auf Specialbestimmungen sich gründenden Berechnung 5. d. = 17.9 Proc. fast gleich.

Zur Vermeidung der grossen, oft vorkommenden Fehler, welche
begangen werden, wenn man Nahrungsmittel von ungleichem Wassergehalt
halt so ohne Weiteres vergleicht, habe ich in den Reihen p — t der Tabelle
die procentische Menge der eigentlichen Nahrungsstoffe des Fleisches im
wasserfreien Zustande ausgerechnet. Hierauf werde ich fernerhin bei
der Besprechung der tabellarischen Übersichten zurückkommen.

6. Scholle. *Pleuronectes platessa Lin. Flundra. Plie com-mune. Plaice.*

Von der an der schwedischen Westküste allgemein vorkommenden
Scholle wurde ein frisches, auf dem hiesigen Markte gekauftes Exemplar von
gewöhnlicher Grösse untersucht. Nachdem alles Fleisch mit der Haut
vom Rückgrat und den an den Flossen sitzenden Grätchen sorgfältig
abgeschabt worden war, wurde dieses in kleine Stücke zerschnitten und
sodann zu einer homogenen Masse zerstossen. Diese Masse wurde dann
zur Untersuchung angewendet.

1. 10.857 Gr. Fleischmasse gaben 2.455 Gr. = 22.61 Proc. Trockensubstanz und demnach 77.39 Proc. Wasser. Die Trockensubstanz gab 0.158
Gr. Asche = 1.46 Proc. Salze, davon 0.048 Gr. = 0.44 Proc. unlösliche und
0,110 Gr. = 1.02 Proc. lösliche mit darin vorhandenen 0.14 Proc. Chlor.

2. 33.33 Gr. feingestossene Fleischmasse gaben 0.573 Gr. = 1.72
Proc. löslisches Albumin, 0.718 Gr. = 2.15 Proc. Extractivstoffe von einer
schönen rothen Farbe und dem Aussehen von gewöhnlichem Fleischextract.
Nach ununterbrochenem 12-stündigem Kochen der im Wasser unlöslichen
Proteinstoffe wurden 1.057 Gr. = 3.17 Proc. Leim gewonnen. Nach noch
weiterem 10-stündigem Kochen erhielt ich noch mehr Leim, doch nur
0.186 Gr. = 0.56 Proc., welche nicht der ersteren Quantität zugerechnet

wurden und zwar aus dem Grunde, weil das Kochen zu den Leimbestimmungen bei den anderen Fischen nicht über 12 Stunden ausgedehnt wurde.

3, 23.85 Gr. Fleischmasse gaben 0.43 Gr. 1.80 Proc. Fett, von schön gelber, zuletzt rothgelber Farbe, ohne eigentlichen Thrangeruch. Die Consistenz desselben war weicher als diejenige des Makrele- und des Lachsfettes. Dasselbe erstarrte nur zum Theil bei gewöhnlicher Zimmertemperatur.

4. Nachdem es endlich nach vieler Arbeit gelang, die in 4 Gr. Fleischmasse enthaltenen kleinen Hauttheile fein zu pulverisiren, erhielt ich durch Verbrennen mit Natronkalk 0.1279 Gr. = 3.198 Proc. N, welches mit der beim Rindfleisch und allen anderen Arten Fischfleisch hierzu angewandten Zahl 5.34 multiplicirt, 17.08 Proc. Proteinstoffe giebt, während diese nach Tab. 6, d. 17.20 betragen. Also dieselbe gute Übereinstimmung, wie vorhin bei dem Rindfleisch zwischen der gefundenen und der berechneten Menge Proteinstoffe.

Ein Vergleich zwischen den in der Tabelle angegebenen Zahlen und den Angaben anderer Verfasser über verschiedene Arten Schollen wird durch die Unvollständigkeit und Kargheit dieser Angaben in hohem Grade erschwert. Für Pl. platessa giebt Brande 14 Proc. Proteinstoffe, 7 Proc. Leimbildner und 79 Proc. Wasser an. Die Summe der Proteinstoffe wäre demnach 21 Proc., welches viel zu hoch ist, weil hiervon die nicht angegebenen, aber doch vorhandenen Salze, Extractivstoffe und Fett abzuziehen sind. Smith giebt für Pleur. solea nach Payen 86 Proc. Wasser und beinahe 14 Proc. Trockensubstanz mit nur 0.25 Fett und 1.91 Proc. N an. Payen giebt für eine andere Scholle (Limande) 79 Proc. Wasser, 2 Proc. Fett und 2.89 Proc. N an. Multiplicirt man nach Payens Vorschrift die angegebenen Procente mit 6.5, würde Sole nur 12.4 Proc. und Limande dagegen 18.8 Proteinstoffe enthalten. Die Trockensubstanz wird von P. für jene zu 14 Proc. und für diese zu ungefähr 21 Proc. angegeben, welches alles mir ein Widerspruch zu sein scheint und deshalb keine besondere Beachtung verdient. Die angegebenen Procente des N und der Trockensubstanz sind augenscheinlich für Sole zu niedrig.

7. *Barsch. Percha fluviatilis Lin. Aborre. Perche. Perch.*

Von einem frischen Barsch, 403 Gr. wiegend, wurden die Schuppen, der Rogen (10 Proc.) der Kopf (20 Proc.) die Eingeweide, das Rückgrat und andere an den Flossen und dem Schwanze sitzende Gräten entfernt. Das übrige geniessbare Fleisch mit der Haut wog nur 166 Gr. = 41 Proc. des Gewichts des Barsches. Dieses wurde nun zur Untersuchung fein geschnitten und zu einer homogenen Masse gestossen. 1. 20 Gr. Fleischmasse gaben 3.981 Gr. = 19.91 Proc. Trockensubstanz. 15 Gr. Fleischmasse gaben 2.995 Gr. = 19.97 Proc. Trockensubstanz und demnach durchschnittlich 19.94 Proc. Trockensubstanz und 80.06 Proc. Wasser. Von 20 Gr. Fleischmasse erhielt ich 0.276 Gr. Asche = 1.38 Proc. Salze, davon 0.57 Proc. unlösliche und 0.81 lösliche, 0.061 Proc. Chlor enthaltend.

2. Beim zweiten Auslaugen mit etwa 250 Gr. Wasser wurde die unlösliche Fleischmasse schleimig, syntoninartig und schwer filtrirbar. Die klaren Filtrate wurden wie gewöhnlich zur Bestimmung des löslichen Albumins und der Extractivstoffe angewendet. Das Ungelöste wurde aufs neue 12 Stunden lang mit 600 c.c. Wasser ausgelangt, um zu sehen, ob noch mehr Albumin zu erhalten war. Das vollständig klare, aber schwach opalisirende Filtrat reagirte ganz und gar neutral, trübte sich nicht beim fortgesetzten Einkochen, wohl aber nach einem Zusatz von 6—7 Tropfen Essigsäure und einigen Grammen NaCl. Das gefällte Albumin wog inzwischen nur 0.117 Gr. = 0.35 Proc. Die beiden ersten Filtrate von 33.33 Gr. Fleischmasse gaben nach Coagulation und Einkochen viel Albumin, das in dünne Scheiben zerschnitten und ausgetrocknet 1.202 Gr. wog, 3.61 Proc. löslichen Albumins. Bei einem Versuch wurden 0.565 Gr. = 1.70 Extractivstoffe, bei einem anderen 0.608 Gr. = 1.82 Proc. und demnach durchschnittlich 1.76 Proc. Extractivstoffe gewonnen. Bei einem Versuch erhielt ich 1.258 Gr. = 3.77 Proc. Leim und bei einem anderen 1.238 Gr. = 3.71 Proc. und demnach durchschnittlich 3.74 Proc. Leim.

3. 35 Gr. Fleischmasse gaben 0.153 Gr. = 0.44 Proc. Fett, von hell braungelber Farbe, ohne den geringsten Thrangeruch, von fester Consistenz und mehr dem Talg als dem Thran gleichend.

4. 4 Gr. Fleischmasse gaben 0.1159 Gr. = 2.898 Proc. N, welches mit 5.31 multiplicirt, 15.48 Proc. Proteinstoffe giebt, während die Detailbestimmungen nach 7. d. dieselben zu 16.36 und demnach beinahe 1 Proc. mehr angeben. Dieses scheint anzudeuten, dass die N Proc. etwas zu niedrig ausgefallen sind.

Eine eigentliche Analyse des Barschfleisches, mit welcher ein Vergleich anzustellen wäre, giebt es meines Wissens nicht, wohl aber geben MOLESCHOTT und v. BIBRA an, dass sie darin 1,8 Proc. Asche und 25.35 Proc. Trockensubstanz gefunden haben. Das Letztere scheint mir für einen so mageren Fisch wie den Barsch zu hoch.

8. Dorsch. Gadus callarias Lin. Torsk. Morue proprement dite. Common Cod.

Alles Essbare, als Fleisch und Haut, wurde sorgfältig von den Gräten und Flossen der einen Hälfte eines frischen Dorsches abgeschabt, zerschnitten und zu einer homogenen Masse zerstossen, die dann zur Untersuchung angewendet wurde.

1. 16.16 Gr. Fleischmasse gaben einen trocknen Rückstand von 2.750 Gr. = 17.02 Proc. Trockensubstanz, welche beim Verbrennen 0.233 Gr. = 1.44 Proc. Salze gab. Davon waren 0.75 Proc. unlöslich und 0.69 löslich mit 0.097 Proc. Chlor.

2. Beim zweiten Auslaugen mit Wasser wurde das ungelöste Fleisch gallertartig, wie beim Barsch. Das Filtrat reagirte neutral und blieb beim Einkochen klar. Durch Zusatz von Essigsäure bis zur deutlich sauren Reaction und ferner von 0.5 Gr. frischgeglühtem reinem NaCl wurde beim Kochen eine gute Fällung coagulirten Albumins gewonnen. Das hinzugefügte NaCl wie die übrigen in den Extractivstoffen vorhandenen Salze wurden nach dem Verbrennen von den vorher zusammen mit den Salzen gewogenen Extractivstoffen abgezogen. Von 33.33 Gr. Fleischmasse wurden demnach 0.592 Gr. = 1.78 Proc. löslichen Albumins, 0.526 Gr. = 1.58 Proc. Extractivstoffen und 0.895 Gr. = 2.69 Proc. Leim gewonnen.

3. Der getrocknete, fein pulverisirte Rückstand von 2½ Gr. Fleischmasse gab nur 0.05 Gr. = 0.20 Proc. Fett von gelber Farbe und ziemlich fester Consistenz.

4. Bei einem Versuch gaben 4.127 Gr. Fleischmasse 0.1122 Gr. = 2.720 Proc. N, bei einem anderen gaben 3.60 Gr. Fleischmasse 0.0946 Gr. = 2.628 Proc. N. Demnach war die Durchschnittszahl beider Bestimmungen 2.674 Proc. N. Dieses mit 5.34 multiplicirt, giebt 14.28 Proc. Proteinstoffe, die nach den Detailbestimmungen laut 8. d. 13.80 Proc. also fast 0.5 Proc. weniger betragen.

Es giebt allerdings viele Analysen von verschiedenen Gadusarten, womit ein Vergleich anzustellen wäre, wenn nicht diese Analysen sich im Allgemeinen nur auf die Angabe der Menge des Wassers und der Trockensubstanz beschränkten, wovon die der letztgenannten gewöhnlich zu 17—20 Proc. angegeben wird. Die bei PAYEN sich befindenden Angaben für einen dem Dorsch sehr nahe stehenden Fisch, nämlich den Weissling, Gadus merlangus sind: 83 Proc. Wasser, 17 Proc. Trockensubstanz, darunter 0.4 Proc. Fett und 2.41 Proc. N, welches mit den oben mitgetheilten Bestimmungen (Tab. 8) recht gut übereinstimmt; doch ist hier ebenso wenig wie anderswo N Proc. mit 6.5 zu multipliciren, indem dadurch zu viel Proteinstoffe angegeben werden.

9. Hecht. *Esox lucius Lin.* Gädda. Brochet commun. Pike.

Ein kleinerer, übrigens aber schöner frischer Hecht, nur 260 Gr. wiegend, wurde gut geschuppt, wonach das Fleisch mit der daransitzenden Haut oder Alles das nach der gewöhnlichen Auffassung zum Essen tauglich ist, von den Gräten abgeschabt wurde. Dieses wog nur 138 Gr. = 53 Proc. des ganzen Fisches. Das zerschnittene, feingestossene Fleisch wurde zur Untersuchung angewendet.

1. 15 Gr. Fleischmasse gaben 2.371 Gr. = 15.81 Proc. Trockensubstanz; bei einem zweiten Versuch erhielt ich 16.41 Proc. Trockensubstanz und demnach im Durchschnitt nur 16.11 Proc. Trockensubstanz und 83.89 Proc. Wasser. Die Asche von 15 Gr. Fleisch wog 0.169 Gr. = 1.13 Proc. Salze, davon 0.22 Proc. unlösliche und 0.91 Proc. lösliche mit 0.186 Proc. Chlor.

2. Beim zweiten Auslaugen wurde das Fleisch gallertartig und das Filtrat gab nicht eher eine Fällung, als bis etwas Essigsäure hinzugesetzt wurde, dann aber schied sich das Albumin gut ab und das Filtrat gab beim Abdunsten zum Extract keine weitere Fällung von Albumin. 33.33 Gr. Fleischmasse gaben 0.840 Gr. = 2.52 Proc. löslichen Albumins, 0.617 Gr. = 1.85 Proc. Extractivstoffe, 0.940 Gr. = 2.82 Proc. Leim.

3. Der ausgetrocknete, feinpulverisirte Rest von 20 Gr. Fleischmasse gab nur 0.03 Gr. = 0.15 Proc. Fett.

4. 4 Gr. Fleischmasse gaben 0.0948 Gr. = 2.370 N. welches mit 5.34 multiplicirt, 12.66 Proc. Proteinstoffe giebt, die nach den Detailbestimmungen 12.98 Proc., also beinahe dasselbe sind.

Die einzige Angabe über die Beschaffenheit des Hechtfleisches, die ich kenne, ist von PAYEN, welcher 77.5 Proc. Wasser, 0.6 Proc. Fett und 3.25 Proc. N. angiebt. Das Letztere, mit 6.5 multiplicirt, würde 21.1 Proc. Proteinstoffe geben. Diese Angaben weichen sehr von meinen Analysen ab, die 84 Proc. Wasser, 13 Proc. Proteinstoffe und nur 2.37 Proc. N angeben. PAYENS Stickstoffbestimmung ist offenbar zu hoch und in der That auffallend, wenn man dieselbe mit seiner Angabe über das Rindfleisch mit nur 3 Proc. N vergleicht, während das wässerige Hechtfleisch 3.25 Proc. N enthalten sollte. Unzweifelhaft hat das Hechtfleisch einen viel geringeren Nahrungswerth, als PAYEN angiebt.

4. *Strömling. Clupea harengus var. membras Lin. Strömming.*
Hareng commun petit. Little Herring.

Auf dem Markte der Stadt wurden 7 frische, grosse Strömlinge,
zusammen 198 Gr. wiegend, eingekauft. Die Köpfe, die Gräten, die
Schuppen und die untauglichen Eingeweide wogen 66 Gr. = 33 Proc., die
Milch und der Rogen wogen 22 Gr. = 11 Proc. Das Fleisch und die Haut
oder das im gewöhnlichen Sinn zum Essen taugliche wog 110 Gr. = 55
Proc. Dieses wurde nun zur Untersuchung zerschnitten und zu einer feinen homogenen Masse zerstossen.

1. Bei der ersten Untersuchung gaben 15 Gr. einen trocknen
Rückstand von 4.143 Gr. = 27.62 Proc. Trockensubstanz, bei der zweiten
Untersuchung gab dieselbe Fleischmasse 3.880 Gr. = 25.87 Proc., woraus sich
als Durchschnittszahl also 26.75 Proc. Trockensubstanz und 73.25 Pr. Wasser
ergiebt. Die von 15 Gr. Fleischmasse gewonnene Asche wog 0.247 Gr.
= 1.65 Proc. Salze, davon 0.89 Proc. unlösliche und 0.76 lösliche mit
0,079 Proc. Chlor.

2. 33.33 Gr. Fleischmasse wurden ausgelaugt, ohne gallertartig
zu werden, und gaben 0.881 Gr. = 2.64 Proc. löslichen Albumins, 0.767
Gr. = 2.30 Proc. Extractivstoffe, 0.842 Gr. = 2.53 Proc. Leim.

3. Schon beim Austrocknen und Pulverisiren von 15 Gr. Fleischmasse zeigte sich der Rest viel reicher an Fett, als bei irgend einer der
vorhin erwähnten Fleischarten. Bei vollständiger Extraction mittelst Äthers
wurden 0.88 Gr. = 5.87 Proc. Fett von rothbrauner Farbe und mit schwachem Thrangeruch gewonnen.

4. 3 Gr. Fleischmasse gaben 0.0904 Gr. = 3.013 Proc. N, welches
mit 5.34 multiplicirt, 16.09 Proteinstoffe giebt. Die Detailbestimmungen
gaben dieselben nach 4. d. etwas höher an, nämlich 16.93 Proc.

Eine frühere Untersuchung des Strömlings kenne ich nicht, wohl
aber giebt PAYEN für frischen Häring 70 Proc. Wasser, 10 Proc. Fett,
1.9 Proc. Salze und 1.83 Proc. N an. Das letztere, mit der von PAYEN
angegebenen allzu grossen Zahl 6.5 multiplicirt, würde doch nicht mehr
als 11.9 Proc. Proteinstoffe ergeben. Der von P. angegebene Procentzahl
für N scheint mir durchaus zu niedrig zu sein, und dürfte es äusserst
schwer fallen, sämmtliche Procente zu 100 zu bringen, wenn die Proteinstoffe nicht mehr als 12 Proc. betragen sollten. Aus meinen weiter unten
mitgetheilten Untersuchungen des gesalzenen Strömlings und des gesalzenen norwegischen Härings geht übrigens hervor, dass der letztere viel

fetter ist, als der Strömling, weshalb die für den Häring geltenden Angaben nicht unmittelbar auf den Strömling angewendet werden dürfen.

3. Lachs. Salmo Salar Lin. Lax. Saumon. Salmon.

Von einem frischen grossen Lachs, dem Aussehen nach etwa 6 $\frac{1}{2}$ Kilo wiegend, wurde quer über die Mittelpartie ein kleineres Stück auf die Weise ausgeschnitten, dass von dem mageren Fleische des Rückens und dem fetteren Fleische des Bauches gleich viel mitkam. Danach wurde das Rückgrat ausgeschnitten und alles Fleisch sorgfältig von der an den Schuppen festsitzenden Haut abgeschabt. Die letztere wurde bei der Untersuchung also nicht mitgenommen. Das Fleisch wurde sodann, um untersucht zu werden, in feine Stücke zerschnitten und zu einer homogenen Masse zerstossen.

1. Beim Eintrocknen überzog sich die Trockensubstanz mit einem reichlichen Öllager, weshalb es nothwendig wurde, mit einem abgestumpften gläsernen Stabe alle Stücke zu zerkleinern und zu zerdrücken, und das Austrocknen lange fortzusetzen, ehe das Gewicht unveränderlich wurde. Der grösseren Sicherheit wegen wurden 2 Bestimmungen gemacht. Bei der einen gaben 15 Gr. Fleischmasse 4.415 Gr. = 29.43 Proc. Trockensubstanz, bei der anderen 16.66 Gr. Fleisch 4.984 Gr. = 29.90 Proc. und demnach war die Durchschnittszahl 29.67 Proc. Trockensubstanz und 70.33 Proc. Wasser. Die Trockensubstanz von 15 Gr. Fleisch gab 0.224 Gr. Asche – 1.49 Proc. Salze, davon 0.32 Proc. unlösliche und 1.17 Proc. lösliche mit 0.043 Proc. Chlor.

2. Beim Auslaugen des Fleisches mit Wasser sammelten sich kleine, wenig gefärbte Fettkügelchen oder Öltropfen auf der Oberfläche und auch auf dem Filtrate. Diese wurden doch alle durch erneuertes Filtriren durch nasses Papier sorgfältig entfernt, ehe das lösliche Albumin durch Kochen gefällt wurde. Das gefällte Albumin hatte eine äusserst schwache Rosafarbe, von dem dem Lachsfleische eigenthümlichen Farbestoffe und nicht von einem etwaigen Blutgehalte des Fleisches herrührend. 33.33 Gr. Fleischmasse gaben 1.130 Gr. in dünne Scheiben geschnittenes und getrocknetes Albumin, 3.39 Proc. löslichem Albumin entsprechend. Das Filtrat gab 0.716 Gr. = 2.15 Proc. Extractivstoffe. Der im Wasser unlösliche, nicht schleimige Theil der Fleischmasse gab nur 0.501 Gr. 1.50 Proc. Leim, wobei doch nicht zu übersehen ist, dass der dickste an den Schuppen haftende Theil der Lachshaut nicht mit zur

Untersuchung herbeigezogen wurde. Weiter unten soll beim gesalzenen Lachs dargethan werden, dass die Haut des Lachses viel Leim liefert.

3. Weil der Lachs sehr fettreich und der ölige trockne Rückstand schwer zu pulverisiren war, wurden für das Fett 2 Bestimmungen gemacht. Bei der einen gaben 15 Gr. Fleischmasse 1.17 Gr. = 9.86 Proc. Fett, bei der anderen 16.66 Gr. Fleisch 1.74 Gr. = 10.44 Proc., demnach im Durchschnitt 10.12 Proc. Fett. Dieses hatte einen schwachen Thrangeruch, war von rothbrauner Farbe, sehr flüssig, erstarrte nicht und setzte kein festes Fett ab beim längeren Aufbewahren in gewöhnlicher Zimmertemperatur.

4. 4 Gr. homogener Fleischmasse gaben mit Natronkalk 0.1241 Gr. = 3.103 Proc. N, das mit 5.31 multiplicirt, 16.57 Proc. Proteinstoffe giebt. Dieses weicht nicht besonders von den Detailbestimmungen ab, wo nach 3. d. die Menge der Proteinstoffe 15.91 Proc. ist.

Der Lachs ist unleugbar einer der geschätztesten Fische und ist auch öfter als andere Fische untersucht worden. Leider werden aber die Vergleichungen dadurch in hohem Grade erschwert, dass die meisten Analysen in mancher Hinsicht unvollständig sind. Bald ist das Fett nicht bestimmt worden, bald giebt es keine Angabe über die Menge der Proteinstoffe, bald wieder werden diese durch die Multiplication der Stickstoffprocente mit der unrichtigen Zahl 6.5 berechnet, u. s. w. HAMMARSTEN giebt die von MOLESCHOTT für verschiedene Arten Lachs, von verschiedenen Personen untersucht, berechneten Durchschnittszahlen an. Die Engländer LETHEBY, SMITH und PAVY haben übereinstimmende Angaben. Die Angaben des PAYEN werden hier unten wiedergegeben, wobei die Proteinstoffe durch die Multiplication mit 6.5 von der N Proc. berechnet worden sind. Stellt man die Resultate meiner Untersuchungen mit den oben erwähnten Angaben zusammen, so ergiebt sich folgende Übersicht:

	Proteinstoffe.	Fett.	Extractivstoffe.	Salze.	Wasser	Stickstoff.
HAMMARSTEN, MOLESCHOTT:	15.1	4.8	1.8	1.3	77	—
Englische Verfasser:	16.1	5.5	—	1.4	77	2.48
PAYEN:	(13.6)	4.9	—	—	76	2.09
ALMÉN:	15.9	10.1	2.2	1.5	70	3.10.

Die von PAYEN angegebene Procentzahl für N scheint mir offenbar allzu niedrig und die daraus zu hoch berechneten Proteinstoffe doch viel zu niedrig. Der von LETHEBY angegebene Stickstoffprocent 2.48 ist zu niedrig, obgleich die Proteinstoffe durch die Multiplication mit der zu hohen Zahl 6.5 richtig werden. Die auffallendste Verschiedenheit zeigt sich mit Rücksicht auf den Fettgehalt, der von Anderen nicht höher als zu 5.5 Proc. angegeben wird, während ich bei 2 unter einander übereinstimmenden Untersuchungen fast doppelt so viel, nämlich 10.1 Proc. gefunden habe, und doch schien der untersuchte Lachs nicht fetter als gewöhnlich zu sein. Auch ist der Winter wohl nicht die Jahreszeit, wann der Lachs am fettesten ist. Bei der Analyse wurde ferner nicht das fette Bauchfleisch ausschliesslich angewendet, sondern ein Querschnitt durch Rücken und Bauch. Da indessen der Lachs für einen unserer fettesten Fische gehalten wird und da die von mir gefundene Fettmenge, 10 Proc., viel niedriger ist, als diejenige der fetten Makrele und kaum die Hälfte der Fettmenge des gesalzenen norwegischen Härings, sowie nicht einmal $\frac{1}{2}$ der Fettmenge des Aales beträgt, so kann ich nicht glauben, dass der untersuchte Lachs zufälligerweise fetter als gewöhnlich gewesen sei, sondern sehe mich eher zu der Annahme berechtigt, dass die Angaben Anderer bedeutend zu niedrig sind. Dieses wird durch meine Untersuchung des gesalzenen Lachses, der 12 Proc. Fett hatte, noch bestärkt.

2. Makrele. Scomber scombrus Lin. Makrill. Macquereau vulgaire. Mackerel.

Die Makrelen, die im Spätherbste in den Buchten an der schwedischen Westküste gefangen werden und dort durch reichliche Nahrung fetter und bisweilen grösser geworden sind, als die im Sommer gefangenen, werden gesalzen und unter dem Namen »gesalzene fette Makrelen« auf den Markt gebracht. Eine kleinere solche fette Makrele, ganz und gar frisch, wurde mitten durchgeschnitten, wonach das Fleisch mit der daranhängenden dünneren, aber starken Haut feingeschnitten und zu einer homogenen Masse zerstossen wurde. Diese diente dann zur Untersuchung.

1. 6.676 Gr. Fleischmasse gaben einen getrockneten Rückstand von 2.366 Gr. = 35.44 Proc. Trockensubstanz, die 1.74 Proc. Salze mit 0.168 Proc. Cl. enthielt. Da der trockne Rest wegen des vielen Fettes halbflüssig und aus dem Grunde schwer vollständig zu trocknen war, wurde die Analyse mit einer grösseren Menge, nämlich mit 14.91 Gr. wiederholt, welche 5.335 Gr. = 35.71 Proc. Trockensubstanz gab. Diese gab ferner nach dem vollständigen Verkohlen 1.4 Proc. lösliche Salze mit 0.178 Proc. Cl. Die ausgekochten Kohlen gaben nach dem Verbrennen 0.25 Proc. unlösliche Salze, und war demnach die Summe der Salze 1.65

Proc. Als Durchschnittszahlen der beiden Analysen erhalten wir also: 35.57 Proc. Trockensubstanz und 64.43 Proc. Wasser, 1.70 Proc. Salze, davon 0.25 Proc. unlösliche und 1.45 Proc. löslische mit 0.173 Proc. Chlor.

2. Beim Auslangen des ungewöhnlich fetten Fleisches mit Wasser nahm die Mischung ein milchiges Aussehen an und oben sammelte sich ein dickes Fettlager. Die ersten Filtrate wurden durch erneuertes Filtriren von allen Fettkügelchen gereinigt, ehe die Ausfällung des Albumins geschah. Die der Makrele eigenthümlichen Farbstoffe eines Theils des Fleisches lösten sich im Wasser, wonach das ausgewässerte Fleisch weiss wurde. Die Menge des congulirten Albumins war gross, weshalb dasselbe, in dünne Scheiben geschnitten, getrocknet wurde. 33.33 Gr. Fleischmasse gaben 0.914 Gr. = 2.74 Proc. löslichen Albumins. Das Extract glich Fleischextract. Die Extractivstoffe wogen 0.622 Gr. = 1.87 Proc. Der im Wasser unlösliche Theil gab nach 12-stündigem Kochen 0.335 Gr. = 1.01 Proc. Leim.

3. Der getrocknete Rest des Makrelenfleisches ähnelte einer mit Öl überzogenen oder in Öl schwimmenden dunkelbraunen Masse. Diese wurde mit Äther so extrahirt, dass nichts dabei verloren ging, denn beim Überführen derselben von der Schale in das Extractionsrohr wurde die erstere sorgfältig mit Baumwolle ausgewischt und diese dann mit in den Extractionsapparat hineingelegt, um von dem Fett befreit zu werden. 33.33 Gr. Fleischmasse gaben 5.42 Gr. = 16.26 Proc. reines Fett. Der Rückstand nach der Ätherextraction war hell, trocken und pulverförmig. Um zu ermitteln, ob der Äther wirklich alles Fett extrahirt hatte, wurde die Masse fein pulverisirt und lieferte dieselbe bei einer neuen Behandlung mit Äther nur 0.05 Gr. = 0.15 Proc. Fett, welches mit dem vorher gewonnenen Fette 16.41 Proc. ausmacht. Das Fett war zu Anfang hell, wurde aber durch fortgesetztes Erhitzen beim Eintrocknen rothbraun, dunkel und liess zuletzt einen deutlichen Thrangeruch wahrnehmen. Anfänglich war das Fett flüssig wie Öl, bekam aber nach Verlauf von 12 Stunden bei Zimmertemperatur die Consistenz der Butter und wurde später noch härter.

4. 3.64 Gr. Fleischmasse gaben 0.1174 Gr. = 3.225 Proc. N, das mit 5.34 multiplicirt, 17,22 Proteinstoffe giebt, die nach den Detailbestimmungen 15.59 Proc. sein sollen. Der Unterschied zwischen der Menge der gefundenen und der berechneten Proteinstoffe ist hier grösser als bei irgend einem anderen Fisch, welches zum Theil auf einem Fehler bei der Stickstoffbestimmung beruhen dürfte, denn beim Verbrennen bil-

dete sich von dem vielen Fett eine Menge von Brennölen, die in der Säure übergingen und die Titrirung etwas erschwerten.

Für die Makrele giebt MOLESCHOTT nach DAVYS Untersuchung 62 proc. Wasser an (ich fand 64 Proc.), während SMITH PAYENS Angaben anführt, nämlich 68.3 Proc. Wasser, 6.8 Proc. Fett und 3.75 proc. N., woraus nach PAYEN 24.4 Proteinstoffe berechnet werden. Die von PAYEN angegebene Procentzahl für N scheint mir durchaus zu gross, denn die Makrele enthält viel Fett und muss demnach weniger N als z. B. das Rindfleisch enthalten, für welches PAYEN nur 3 Proc. angiebt. Die Salze und die Extractivstoffe dürfen zusammen nicht so viel wie gewöhnlich betragen, sondern müssen viel niedriger gesetzt werden, wenn nicht die Schlusssumme 100 Proc. übersteigen soll, welches auch beweist, dass PAYEN eine zu grosse Procentzahl für N. angiebt. Die von mir gefundene Menge des Fettes, nämlich 16 Proc., ist mehr als doppelt so viel als PAYEN angiebt, welches zum nicht unwesentlichen Theile darauf beruhen dürfte, dass die untersuchte Makrele nicht eine gewöhnliche, sondern eine sogenannte fette Makrele war. Ein Fettgehalt bei der fetten Makrele von 16 Proc. scheint mir übrigens nicht befremdend, wenn man die Makrele mit dem Lachs und dem Aal vergleicht.

1. *Aal. Muræna anguilla Lin. Ål. Anguille. Eel.*

Einem frischen gewöhnlichen Süsswasseraal, 328 Gr. wiegend, wurde die Haut abgezogen, die 35 Gr. = 11 Proc. wog, wonach alles Fleisch von den Gräten abgeschabt wurde. Dieses wog 209 Gr. = 64 Proc. des ganzen Aales. Der Kopf und die zur Nahrung nicht anwendbaren Theile des Aales betrugen 36 Proc.; der Abfall war also weit weniger als gewöhnlich bei den Fischen. Das Fleisch wurde fein geschnitten und zu einer homogenen Masse zerstossen, ehe es untersucht wurde.

1. Der Rückstand von 15 Gr. Fleischmasse, während des Eintrocknens mit einer gewogenen Pistille pulverisirt, ähnelte einem braunen trüben Öl und wog 7.089 Gr. = 47.26 Proc. Trockensubstanz. Die Grösse und ölartige Beschaffenheit des Rückstandes liess vermuthen, dass die Austrocknung unvollständig war, weshalb der Versuch in einer anderer Form wiederholt wurde. 16.16 Gr., in einer Schale abgewogene Fleischmasse wurden mit 10 Gr. *vollständig reinem* Perlsand vermengt und dann unter Umrühren so lange eingetrocknet, bis das Gewicht unverändlich blieb. Die Menge des Öles oder Fettes war indessen so gross, dass die Masse mit den hinzugesetzten 10 Gr. Sand sehr weich blieb. Die

Trockensubstanz wog 7.865 Gr. - 47.19 Proc. Beide Versuche stimmen sehr wohl überein und geben eine Durchschnittszahl von 47.22 Proc. Trockensubstanz und 52.78 Proc. Wasser. 15 Gr. Fleischmasse gaben 0.138 Gr. Asche - 0.92 Proc. Salze, davon 0.26 Proc. unlösliche und 0.66 lösliche mit 0.013 Proc. Chlor.

2. Die Auswässerung liess sich leicht bewerkstelligen, aber das Fleisch war so fett, dass die Mischung der Sahne ähnelte, und zu Anfang einige Fettkügelchen das Filtrum hindurchgingen, die sodann vor dem Fällen des Albumins durch neues Filtriren entfernt wurden. 33.33 Gr. Fleischmasse gaben 0.488 Gr. = 1.46 Proc. löslichen Albumins, 0.594 Gr. — 1.78 Proc. Extractivstoffe und 0.680 Gr. = 2.04 Proc. Leim.

3. Der oben erwähnte mit 10 Gr. Perlsand eingetrocknete Rückstand von 16.16 Gr. Fleischmasse gab 5.48 Gr. = 32.88 Proc. Fett, vollständig klar, von schöner, rothbrauner Farbe, ohne jeglichen Thrangeruch, leichtflüssig wie ein dünnes Öl, obgleich sich daraus, nachdem es einige Zeit bei 15 ° Wärme aufbewahrt worden war, eine geringe Menge festen Fettes absetzte.

4. Beim Verbrennen mit Natronkalk ging ein nicht unbedeutendes Lager von Brennölen in das Absorbtionsrohr über, die vermuthlich von den wegen des vielen Fettes nicht ganz verbrannten Kohlenwasserstoffe entstanden waren. Dieses Lager schien doch nicht störend auf die Titrirung einzuwirken, denn die ganz und gar farblose Säure wurde ohne die geringste Schwierigkeit titrirt und das Öllager war ohne Einwirkung auf die Lackmuslösung. 4 Gr. Fleischmasse gaben 0.0842 Gr. = 2.105 Proc. N, welches mit 5.34 multiplicirt, 11.24 Proc. Proteinstoffe giebt, die nach den Detailbestimmungen 1. d. 11.64 Proc. ausmachen.

Des Vergleiches wegen seien hier einige von anderen Verfassern gelieferte Angaben über die Beschaffenheit des Aalfleisches mitgetheilt. PAYEN hat den gewöhnlichen Aal untersucht und giebt für denselben 62 Proc. Wasser, 23.9 Proc. Fett und 2 Proc. N, an. Das letztere entspricht nach PAYEN 13 Proc. Proteinstoffen. HAMMARSTEN giebt beinahe dasselbe an, nämlich 62 Proc. Wasser, 23.8 Proc. Fett, 0.8 Proc. Salze und 12.6 Proc. Proteinstoffe. SMITH citirt PAYENS Zahlen, wogegen LETHEBY und PAVY 75 Proc. Wasser, 13.8 Proc. Fett, 1.3 Proc. Salz, 1.53 Proc. N angeben. Das Letztere mit 6.5 multiplicirt, giebt 9.9 Proc. Proteinstoffe. MOLESCHOTT hat Angaben für M. anguilla und M. conger, und berechnet daraus die Durchschnittszahl. Dieses ist sehr irreleitend, da die Analysen des Fleisches dieser beiden Fische nur ganz geringe Ähnlichkeit mit einander haben.

Der von LETHEBY und PAVY angegebene Fettgehalt erscheint auffallend gering, da doch der Aal zu den fettesten Fischen gehört. PAYEN giebt auch viel mehr Fett an, und doch habe ich in 2 übereinstimmenden Analysen noch 9 Proc. mehr Fett und 9 Proc. weniger Wasser als PAYEN gefunden, ohne dass ich deswegen Grund habe anzunehmen, dass der untersuchte kleine Aal fetter als gewöhnlich gewesen sei. Die von LETHEBY angegebene Menge des N, 1.53 Proc., mit den danach berechneten gegen 10 Proc. Proteinstoffen, scheint mir zu niedrig zu sein, um so mehr, als der gleichzeitig angegebene geringere Fettgehalt von einem grösseren Gehalt an Proteinstoffen, als für einen fetteren Aal sonst gewöhnlich, begleitet sein müsste. PAYENS Angabe, 3.95 Proc. N für den Meeraal (Anguille de mer, Muræna Conger), scheint mir durchaus keine Berücksichtigung zu verdienen, weil derselbe Verfasser für das relativ magre Rindfleisch nur 3 Proc. angiebt, und der Gehalt an Proteinstoffen nach PAYENS Angaben demnach für denselben Fisch 25.9 Proc. oder beinahe 26 Proc. werden müsse. Dies ist gar nicht möglich, indem das Wasser und das Fett beinahe 85 Proc. ausmachten, demnach schon diese drei Stoffe beinahe 111 Proc. betragen und folglich kein Platz für die Salze und die Extractivstoffe übrig bleibt. Eine andere Verschiedenheit ist auch zu beachten, die nämlich, dass LETHEBY für den gewöhnlichen Aal beinahe 14 Proc. Fett und 1.53 N hat, während PAYEN beinahe 24 Proc. Fett und 2.0 Proc. N angiebt. Es müsste doch wohl umgekehrt sein: Wo das meiste Fett ist, muss sich die geringste Menge von N und Proteinstoffen finden und nicht umgekehrt.

b. Gesalzene Fische.

10. *Gesalzener Häring. Clupea harengus Lin. Salt Sill. Harreng commun. Herring.*

Von dem gewöhnlichen, norwegischen Tonnenhäring war zu Anfang des Herbstes in der ganzen Stadt keine schöne Waare zu haben, sondern nur eine dem Aussehen und Geschmack nach magere und kleinere solche. Ein ganzer Häring wurde mit einem Handtuche von der Lake und den Schuppen befreiet, wonach alles Fleisch mit der daransitzenden Haut, von den Gräten und Eingeweiden gelöst, zur Untersuchung fein geschnitten und zu einer homogenen Masse zerstossen wurde. Der zum Essen dienliche Theil, Fleisch und Haut, betrug von einem grossen Häring, der 200 Gr. wog, 139 Gr. = 69 Proc. und von einem kleineren, der nur 105 Gr. wog, 66 Gr. = 63 Proc., demnach im Durchschnitt 66 Proc.

1. 15 Gr. Fleischmasse gaben 8.644 Gr. = 57.13 Proc. Trockensubstanz und 42.57 Proc. Wasser. Der trockne Rückstand wurde vollständig verkohlt und die Kohle mit Wasser ausgekocht, wonach die Lösung abgedunstet und bei 110 ° C. getrocknet wurde. Der Rückstand wog dann 2.134 Gr. = 14.23 Proc. lösliche Salze. Ein äusserst gelindes Glühen des Salzrestes zeigte, dass kein Wasser mehr darin war. Beim Titriren mit Silberlösung war die Chlormenge = 13.65 Proc. NaCl. Die ausgekochten Kohlen gaben nach dem Verbrennen 0.214 Gr. = 1.43 Proc. unlösliche Salze. Demnach war die Summe der löslichen und unlöslichen Salze = 15.66 Proc.

2. Beim Auslaugen von 33.33 Gr. Fleischmasse mit Wasser war die Mischung so reich an Fett, dass sie mit Milch oder Sahne Ähnlichkeit hatte. Ehe das Albumin gefällt wurde, wurde das Filtrat daher durch nochmalige Filtrirung von allem Fett befreiet. Die Filtrate gaben 0.569 Gr. = 1.71 Proc. löslichen Albumins. Das Filtrat und das Waschwasser brachten beim Abdunsten zum Extract caseinähnliche Häute zum Vorschein, welches auf ein weniger vollständiges Abscheiden des löslichen Albumins deutet. Dieser Umstand erklärt auch zu einem Theil den ungewöhnlich grossen Gehalt an Extractivstoffen, nämlich 1.840 Gr. = 5.52 Proc. Der im Wasser unlösliche Theil des Fleisches lieferte 0.643 Gr. = 1.93 Proc. Leim.

3. Nachdem 10 Gr. Fleischmasse eingetrocknet und mittelst Äthers extrahirt worden waren, erhielt ich ein klares, halbflüssiges, rothbraunes Fett, dem Aussehen und Geruche nach dem Thrane gleichend, welches, nachdem dasselbe eine Zeit lang bei + 15° C. gestanden hatte, zum Theil erstarrte. Das Fett wog 2.10 Gr. = 21 Proc. Der trockene Rückstand war hell und leicht zu pulverisiren, wonach derselbe aufs Neue mittelst Äthers extrahirt wurde, wobei noch ein wenig mehr Fett gewonnen wurde, nämlich 0.03 Gr. = 0.3 Proc. Dieses mit dem zuerst erhaltenen macht 21.30 Proc. Fett.

4. 4 Gr. Fleischmasse gaben 0.1170 Gr. = 2.925 Proc. N, welches mit 5.34 multiplicirt, 15.62 Proc. Proteinstoffe macht, während die Detailbestimmungen laut 10. d. 14.95 Proc. angeben. Dass dieses etwas weniger ist, dürfte darauf beruhen, dass etwas lösliches Albumin in die Extractivstoffe übergegangen ist.

Die in der Tabelle unter 10, i—o für den wasserfreien gesalzenen Häring berechneten Zahlen weichen natürlich sehr von den entsprechenden Zahlen für andere Arten frischer Fische ab, weil durch das Salzen eine grosse Quantität Kochsalz hinzugekommen ist, das in der Trockensubstanz enthalten ist und als ein fremder Stoff auf die Procente aller Stoffe, mit Ausnahme die der Salze herabdrückend einwirkt. Gesetzt, der gesalzene Häring enthalte als frischer eben so viel Salze als der frische Strömling, nämlich 1.65 Proc., so wäre die Salzmenge durch das Salzen um 14.01 Proc. vermehrt worden, die von der Trockensubstanz abgezogen, einen Rest von 43.12 Proc. geben, welcher der Trockensubstanz des ungesalzenen Härings entsprechen würde. Nehmen wir ferner an, der frische norwegische Häring enthalte 70 Proc. Wasser, d. h. eben so viel wie frischer Lachs oder nach PAYENS Angabe frischer Häring, so erhält man aus den analytischen Daten 10 d — h, k für die oben angegebene Trockensubstanz von 43.12 Proc. folgende Zusammensetzung des *frischen* Härings im gewöhnlichen und im wasserfreien Zustande:

	Frischer Häring.	Wasserfreier frischer Häring.
Proteinstoffe	10.33	34.43
Extractivstoffe	3.81	12.71
Fett	14.72	49.06
Salze	1.14	3.80
Wasser	70.00	——
Stickstoffprocent	2.021	6.737

Die letzte Berechnung über den Häring als frisch und wasserfrei gestattet einen Vergleich mit den naheverwandten Fischen Aal, Makrele und Lachs nach 1, 2, 3 p—t. Mit Rücksicht auf die Menge der Proteinstoffe scheint der Häring zwischen dem Aal und der Makrele zu stehen. Der für den Häring berechnete Fettgehalt von 49 Proc. ist ein wenig grösser als der der Makrele. Auch die Stickstoffprocente stehen für den Häring zwischen denjenigen der Makrele und des Aales.

PAYEN hat den Hering sowohl frisch wie gesalzen untersucht und giebt für den frischen 70 Proc. Wasser, 10 Proc. Fett und 1.83 Proc. N, für den gesalzenen 49 Proc. Wasser, 12.7 Proc. Fett und 3.11 Proc. N an. Hieraus ergeben sich nach PAYEN für den frischen Häring 11.9 Proc. und für den gesalzenen dagegen 20.2 Proteinstoffe. MOLESCHOTT giebt nach PAYEN die Salzmenge des frischen Härings zu 1.9 Proc. und die des gesalzenen zu 16.4 Proc. an. Die von mir gefundene Salzmenge weicht nicht sehr von der von PAYEN angegebenen ab. Dagegen habe ich 21 Proc. Fett gefunden (PAYEN nur 13 Proc.).

Und doch pflegt der norwegische Häring im Allgemeinen fetter zu sein, als der von mir untersuchte. PAYENS Angaben über N Proc. scheinen mir keine Berücksichtigung zu verdienen, denn ausser anderen Gründen dagegen widersprechen die Zahlen sich untereinander. Die Veränderung des Härings durch das Salzen ist der Hauptsache nach ganz dieselbe, die beim Salzen anderer Fische und des Rindfleisches stattfindet, nämlich eine Verminderung der Procente für das Wasser und eine daraus sich ergebende Vermehrung derselben für die übrigen Stoffe und zwar in demselben Grade für alle. Dieses müsste also auch der Fall sein mit Payens Zahlen für frischen und gesalzenen Häring, wenn man etwa nicht annehmen wollte, dass diese Fische schon von Anfang an sich wesentlich von einander unterschieden haben. Bei Payen finden wir aber nicht dieses gradweise Steigen. Wenn er z. B. das Fett von 10.3 bis zu 12.7 Proc., also um 23 Proc. steigen lässt, lässt er N und demnach auch die daraus berechneten Proteinstoffe von 11.9 bis zu 20.2 Proc., also um 70 Proc. steigen.

II. Die gesalzene fette Makrele. *Scomber scombrus Lin.* Salt Fetmakrill. Maquereau vulgaire. Mackerel.

Im Spätherbste werden an der schwedischen Westküste die sogenannten fetten Makrelen gefangen. Diese werden gereinigt, stark gesalzen und in kleine Tönnchen verpackt. Wegen ihrer Fettigkeit sind diese Fische sehr geschätzt und werden sogar höher bezahlt als der norwegische Häring. Eine solche fette Makrele wurde eiligst abgespült, um die daran haftenden grossen Salzkörner zu entfernen, und dann mit einem Handtuche abgetrocknet. Danach wurde das Fleisch und die Haut von den Gräten und Flossen geschieden, dasselbe sodann zerschnitten und zu einer homogenen Masse zerstossen, die dann untersucht wurde.

1. 10 Gr. davon gaben 5.157 Gr. = 51.57 Proc. Trockensubstanz und 48.43 Proc. Wasser. Die Asche derselben wog 1.627 Gr. = 16.27 Proc. Salze, wovon 1.13 Proc. unlösliche und 15.14 Proc. lösliche. Der Chlorgehalt entsprach 14.50 Proc. NaCl.

2. 33.33 Gr. Fleischmasse, mit Wasser ausgerührt, glich Sahne. Aus den klaren Filtraten schied sich alles Albumin mit Leichtigkeit ab; die Menge war 0.425 Gr. = 1.28 Proc. Die Filtrate gaben 0.913 Gr. = 2.74 Proc. Extractivstoffe. Das im Wasser Unlösliche gab 0.500 Gr. = 1.50 Proc. Leim.

3. 10 Gr. eingetrocknete und pulverisirte Fleischmasse gaben 1.41 Gr. = 14.10 Proc. Fett von rothbrauner Farbe und mit starkem Thrangeruch. Nachdem dieses Fett bei 15 " C. einige Zeit aufbewahrt worden war, erstarrte es zu einer festen Masse von Butterconsistenz.

4. 3.5 Gr. Fleischmasse gaben 0.1166 Gr. = 3.331 Proc. N. Dieses mit 5.34 multiplicirt, giebt 17.79 Proc. Proteinstoffe, während die Detailbestimmungen nach 11, d etwas mehr, nämlich 18.46 Proc. angeben.

Eine ältere Untersuchung, womit sich Vergleichungen anstellen liessen, ist mir nicht bekannt. Will man wiederum gesalzene und frische Makrelen mit einander vergleichen und zieht man zu dem Zwecke die durch das Salzen hinzugekommenen fremden Salze (16.27 Procent 1.70 Proc. = 14.57 Proc.) ab und berechnet die Analysen für den Rest, welcher die Trockensubstanz der frischen Makrele, nämlich 37 Proc. repräsentirt, so erhält man Folgendes: 49.89 Proc. Proteinstoffe, 7.40 Proc. Extractivstoffe, 38.11 Proc. Fett, 4.60 Proc. Salze und 9.003 Proc. N. Mit den Zahlen unter 2. p. t. verglichen, zeigen sie, dass das Fett der frischen, ganz spät im Herbst gefangenen Makrele grösser ist, nämlich 8 Proc. höher, welches auf die übrigen Zahlen einwirkt.

12. *Gesalzener Lachs. Salmo salar Lin. Salt Lax. Saumon. Salmon.*

Von dem gewöhnlichen, gesalzenen Lachse, wie er in grossen flachen Stücken allgemein im Handel vorkommt, wurde quer über dem Rücken und dem Bauche ein Stück abgeschnitten, wonach das grätenfreie Stück, ohne wie sonst zuvor vom Salze gereinigt zu werden, von der an den Schuppen sitzenden Haut sorgfältig getrennt wurde. Das Fleisch wurde dann fein zerschnitten und zu einer homogenen Masse zerstossen, die dann untersucht wurde.

1. 12.5 Gr. davon gaben 6.12 Gr = 48.96 Proc. Trockensubstanz und 51.04 Proc. Wasser. Die Trockensubstanz gab 1.837 Gr. = 14.70 Proc. Salze, davon nur 0.72 Proc. unlösliche und 13.98 Proc. lösliche mit einem Chlorgehalte, der 13.81 Proc. NaCl entspricht.

2. 33.33 Gr. Fleischmasse wurden ohne Schwierigkeit ausgelaugt wonach vor dem Kochen der Filtrate einige oben auf schwimmende Fetttropfen entfernt wurden. Dabei wurden 0.910 Gr. = 2.73 Proc. löslichen Albumins und 1.008 Gr. = 3.02 Proc. Extractivstoffe gewonnen. Der im Wasser unlösliche Theil des Fleisches gab 0.470 Gr. = 1.41 Proc. Leim. Hierbei ist doch zu beachten, dass die nicht zum Essen dienliche Haut nicht zur Untersuchung mit herangezogen worden ist.

Um zu ermitteln, welchen Einfluss die Haut auf die Menge des beim Kochen sich bildenden Leimes habe, wurden 10 Gr. von allem Fleisch befreiter Haut mit den daransitzenden Schuppen zerschnitten und dann 12 Stunden lang gekocht, wobei 1.947 Gr. = 19.47 Proc. Leim von gewöhnlichem schönem Aussehen gewonnen wurden. Nach den gewöhnlichen Angaben zeichnet sich das Fleisch der Fische durch die grosse Menge von Leimbildnern vor dem Rindfleische aus. Wie aus der oben angeführten Untersuchung hervorzugehen scheint, beruht dieses in der Hauptsache darauf, dass die an Leim so reiche Haut gewöhnlich in dem untersuchten Fischfleische einbegriffen ist, während das Fleisch der Säugethiere natürlicherweise ohne Haut untersucht wird.

3. 30 Gr. Fleischmasse gaben eine Menge rothgelben Öls, mit sehr starkem Thrangeruch, im Übrigen aber gleich dem Fette des frischen Lachses. Das Fett wog 3.60 Gr. = 12 Proc.

4. 1.572 Gr. Fleischmasse gaben 0.0563 Gr. = 3.581 Proc. N, welche mit 5.34 multiplicirt, 19.12 Proc. Proteinstoffe geben. Dieses stimmt mit den Detailbestimmungen, welche laut 12. d. 19.24 Proc. betragen, sehr wohl überein.

Eine andere Untersuchung des gesalzenen Lachses, womit Vergleiche anzustellen wären, kenne ich nicht. Dieses lässt sich doch auf andere Weisse erreichen, wenn man nämlich von der Trockensubstanz (48.96 Proc.) des gesalzenen Lachses die durch das Salzen hinzugesetzten fremden Salze (12.89 Proc.) abzieht. (Die Zahl 12.89 Proc. erhält man auf folgende Weise: die Salzmenge des frischen Lachses, 1.49 Proc., entspricht 1.81 Proc. der Trockensubstanz des gesalzenen Lachses, welche, von 14.70 Proc. oder der gesammten Salzmenge des gesalzenen Lachses abgezogen, ergeben, dass 12.89 Proc. Salze hinzugesetzt worden sind). Zieht man nun diese 12.89 Proc. von den obengenannten 48.96 Proc. ab, so bleiben 36.07 Proc. für die wirkliche Trockensubstanz des Lachses. Berechnet man nun die Zahlen unter 12 d—h für diese Trockensubstanz, so ergeben sich: 53.34 Proc. Proteinstoffe, 8.37 Proc. Extractivstoffe, 33.27 Proc. Fett, 5.02 Proc. Salze und 9.928 Proc. N. Die Übereinstimmung zwischen diesen Zahlen und den entsprechenden für den wasserfreien frischen Lachs, 3. p—t, ist fast ganz und gar vollständig und waren demnach der frische Lachs und der gesalzene vor dem Salzen sich gleich.

13. *Kabeljau oder gesalzener Leng. Gadus molva Lin. Kabeljo eller saltad Långa. Lingue Ling.*

Von dem gewöhnlichen Kabeljau, wie er im Handel vorkommt, trocken, gesalzen, ohne Lake in Fässer gelegt, wurden die Gräten und Flossen abgeschnitten. Dann wurde vor der Untersuchung alles zum Essen dienliche Fleisch mit der daran sitzenden Haut fein geschnitten und zu einer homogenen Masse zerstossen.

1. 8.006 Gr. Kabeljau gaben 3.809 = 47.58 Proc. Trockensubstanz und 52.42 Proc. Wasser. Durch ein gelindes und langsames Verbrennen gelang die Einäscherung vollständig und wurden dabei 1.581 Gr. Asche = 19.75 Proc. Salze gewonnen. Davon waren 1.42 Proc. unlösliche und 18.33 Proc. lösliche, deren Chlorgehalt 18 Proc. NaCl entsprach.

2. Um das feingestossene Fleisch vollständig auszuwässern, wurden 20 Gr. Fleischpulver mit Wasser vermischt und dieses 8 Stunden lang umgerührt, wonach dasselbe wiederum zu einer feinen Masse gestossen und dann vollständig mit Wasser ausgelangt wurde. Das Filtrat des gut abgeschiedenen Albumins setzte beim Abdunsten zum Extract einige caseinähnliche Häute etc. ab, welches eine neue Untersuchung veranlasste. Bei dem einen Versuche gaben 20 Gr. Fleisch 0.106 Gr. = 0.53 Proc. löslichen Albumins, 0.712 Gr. = 3.56 Proc. Extractivstoffe, 1.413 Gr. = 7.06 Proc. Leim. Bei dem zweiten Versuche kamen 25 Gr. Fleisch zur Anwendung und war das Resultat: 0.164 Gr = 0.66 Proc. löslichen Albumins, 0.960 Gr. = 3.84 Proc. Extractivstoffe und 1.765 Gr. = 7.06 Proc. Leim. Als Durchschnittszahlen beider Bestimmungen ergeben sich demnach: 0.60 Proc. löslichen Albumins, 3.70 Proc. Extractivstoffe und 7.06 Proc. Leim.

3. 25 Gr. getrockneten und äusserst fein pulverisirten Kabeljaufleisches gaben nur 0.10 Gr. = 0.10 Proc. Fett, braungelb und von üblem Geruche.

4. 1.460 Gr. Fleischmasse gaben 0.0668 Gr. = 4.575 Proc. N, welches mit 5.34 multiplicirt, 24.43 Proc. Proteinstoffe giebt. Die Detailbestimmungen geben laut 13, d 23.73 Proc. an.

Nach PAYENS Analyse des Kabeljau wie nach seinen eigenen und MOLESCHOTTS Angaben enthält derselbe 47 Proc. Wasser, 21.3 Proc. Salze, davon 19.5 Proc. NaCl., 5.02 Proc., N, welche 32.5 Proc. Proteinstoffe entsprechen würden, sowie 0.38 Proc. Fett. Der von mir untersuchte Kabeljau hatte denselben fast vollständigen Mangel an Fett, etwas weniger Salz, aber mehr Wasser, d. h., er war etwas weniger gesalzen. Auf den von PAYEN angegebenen N-Proc. lege ich aus den vorhin oft angeführten Gründen wenig Gewicht. Berücksichtigt man in gebührender Weise den Einfluss der durch das Salzen hinzugekommenen fremden Salze auf die Procentberechnungen, so erhält man aus diesen Analysen für den wasserfreien ungesalzenen Leng: 81 Proc. Proteinstoffe, 12.64 Proc. Extractivstoffe, 1.37 Proc. Fett, 4.92 Proc. Salze, welches mit den entsprechenden Ziffern des wasserfreien frischen Dorsches (8. p-s.) sehr gut übereinstimmt.

14. Gesalzener Strömling. Clupea harengus var. membras Lin.
Salt Strömming. Hareng commun petit. Little Herring.

Von den gesalzenen Strömlingen in Fässern, wie sie öfterst im Handel vorkommen, die aber von geringer Grösse waren und ein hässliches Aussehen hatten, wurden 9 Stück genommen. Diese wogen, nachdem die Salzlake mit einem Handtuch abgetrocknet worden war, nur 217 Gramm, von denen das abgetrennte zum Essen dienliche Fleisch 132 Gr. = 61 Proc. wog. Dieses Fleisch wurde fein geschnitten und zu einer feinen gleichförmigen Masse zerstossen, die dann untersucht wurde.

1. 10 Gr. gaben 4.473 Gr = 44.73 Proc. Trockensubstanz, und andere 20 Gr. Fleisch 8.804 Gr. = 44.02 Proc., demnach durchschnittlich 44.38 Proc. Trockensubstanz und 55.62 Proc. Wasser. Die Asche von 10 Gr. wog 1.793 Gr. = 17.93 Proc. Salze, davon 0.83 Proc. unlösliche und 17.10 Proc. lösliche, mit einem Chlorgehalte 16.24 Proc. NaCl entsprechend.

2. 33.33 Gr. Fleischmasse gaben 0.332 Gr. = 1 Proc. löslichen Albumins, 0.939 Gr. = 2.82 Proc. Extractivstoffe und 0.588 Gr. = 1.76 Proc. Leim.

3. Der trockene fein pulverisirte Rückstand von 20 Gr. Fleisch gab 1.41 Gr. = 7.05 Proc. Fett von schwarzbrauner Farbe und mit schwachem Thrangeruch.

4. 3 Gr. Fleisch gaben 0.0930 Gr. = 3.1 Proc. N, welches mit 5.31 multiplicirt, 16.55 Proc. Proteinstoffe macht, die nach 14 d. beinahe dasselbe, nämlich 16.58 Proc., sind.

Berechnet man die analytischen Daten nach Abzug der durch das Salzen hinzugefügten 16.28 Proc. Salze, so erhält man für den wasserfreien ungesalzenen Strömling: 59 Proc. Proteinstoffe, 10 Proc. Extractivstoffe, 25.1 Proc. Fett, 5.9 Proc. Salze und 11.03 Proc. N.

Dieses stimmt im Allgemeinen ganz wohl mit den entsprechenden Ziffern in 4 p. t. überein und wäre die Übereinstimmung noch grösser gewesen, wenn nicht die gesalzenen Strömlinge um 3 Proc. mehr Fett gehabt hätten, als die frischen.

c. Getrocknete Fische.

15. *Stockfisch. Gadus virens Lin. Grâsej. Stockfisk.*
Merlan noir. Codfish.

Der gewöhnliche Stockfisch oder der getrocknete, ungesalzene Fisch hatte ein so hartes, zähes, hornartiges und braungelbes Fleisch, dass es unmöglich war, dasselbe mit einem Messer in kleine Stücke zu schneiden. Ich musste desshalb mit einem Hammer auf das Messer schlagen, wobei es gelang, quer über den Fisch kleine Stückchen mit Haut und Allem abzuhauen. Diese abgehauenen kleinen Stücke wurden in einem Mörser zu einem gröberen homogenen Pulver zerstossen, das dann untersucht wurde.

1. 5.720 Gr. fein pulverisirtes Fleischpulver wurden getrocknet und gaben 4.936 Gr. = 86.29 Proc. Trockensubstanz und demnach nur 13.71 Proc. Wasser. Die Asche wog 0.394 Gr. = 6.89 Proc. Salze, wovon 3.83 Proc. unlösliche und 3.06 Proc. lösliche, mit einem Chlorgehalt 0.19 Proc. NaCl entsprechend.

2. 25 Gramm Fleischpulver, 12 Stunden lang in Wasser umgerührt und dann zu einem Muse zerstossen, wurden danach vollständig ausgelaugt. Die Filtrate coagulirten beim Kochen gut und gaben viel Albumin, welches in dünne Scheiben zerschnitten und ausgetrocknet, 1.340 Gr. = 5.36 Proc. lösliches Albumin betrug. Die Filtrate gaben ein schön hellgelbes Extract mit 1.62 Gr. = 6.48 Proc. Extractivstoffe. Der im Wasser unlösliche Theil des Fleisches gab 3.088 Gr. = 12.35 Proc. schönen Leim.

3. 20 Gr. fein pulverisirtes und getrocknetes Fleisch gaben nur 0.24 Gr. = 1,2 Proc. Fett, von hellgelber Farbe, sehr schwachem Thrangeruch und fester Consistenz.

4. 1.1 Gr. Fleischpulver gaben 0.1407 Gr. = 12.79 Proc. N, welches mit 5.34 multiplicirt, 68.3 Proc. Proteinstoffe giebt. Dieses weicht allerdings nicht unbedeutend von den Bestimmungen 15. d. ab. Der Unterschied ist doch nicht so gross, wie er beim ersten Anblick erscheint, wenn man in Erwägung zieht, dass die Menge der Proteinstoffe ungewöhnlich gross, nämlich 70 Proc. ist.

Eine ältere Untersuchung des Stockfisches, womit sich Vergleiche anstellen liessen, ist mir nicht bekannt, aber die procentische Zusammensetzung des wasserfreien Stockfisches (15 p—t) stimmt ganz gut mit den entsprechenden Zahlen des wasserfreien frischen Dorsches (8 p—t) überein.

16. *Fischmehl. Gadus. Fiskmjöl. Morue. Cod.*

Unter dem Namen Fischmehl ist in den letzteren Jahren bei uns ein hellgelbes, sehr lockeres Pulver in den Handel gekommen, aus feinen, kurzen und elastischen Fäden (Muskelfäden) bestehend. Dieses Pulver hat einen schwachen Geruch, der an den getrockneter Fische erinnert und ist beinahe ohne Geschmack. Die Pakete sind mit einem Umschlagspapier versehen und haben folgende Aufschrift: »Bordewich & C:o medaljbelönnede fiskemel. Bordewich & C:o fabrik. Lofoten, Norge». (Bordewich & C:o preisbelohntes Fischmehl. Bordewich & C:o Fabrik. Lofoten, Norwegen). Ein Paket soll nach der Angabe eine Kanne Mehl enthalten, welches allerdings nicht unmöglich ist, da das Fischmehl ungewöhnlich locker ist und viel Raum einnimmt. Ein Paket mit allem Umschlagspapier wog doch nicht mehr als ungefähr 940 Gramm.

1. 7.557 Gr. Fischmehl gaben 6.275 Gr. = 83.04 Proc. Trockensubstanz. Bei einem wiederholten Versuche wurden 82.91 Proc. Trockensubstanz gewonnen, durchschnittlich demnach 82.98 Proc. Trockensubstanz und 17.02 Proc. Wasser.

Die oben erwähnten 7.557 Gr. Fischmehl gaben 0.668 Gr. = 8.84 Proc. Salze. Bei einem zweiten Versuche mit 7 Gr. wurden 0.604 Gr. = 8.63 Proc. Salze und demnach durchschnittlich 8.73 Proc. Salze gewonnen. Von diesen waren resp. 6.79 und 7.21 Proc., also durchschnittlich 7 Proc. unlöslich und somit 1.73 Proc. löslich, mit einem Chlorgehalt 0.60 Proc. NaCl entsprechend.

2. 30 Gr. Fischmehl mit Wasser auszulaugen, machte keine Schwierigkeiten. Die Filtrate reagirten neutral, nicht sauer. Das lösliche Albumin betrug 1.97 Proc., aber die Filtrate setzten beim Abdunsten zum Extract nicht wenige caseinähnliche Häute etc. ab, wesshalb die Untersuchung für verfehlt angesehen wurde. Sie wurde nun mit 20 Gr. Fischmehl erneuert, wobei die Filtrate während des Kochens mit 10 Tropfen Essigsäure bis zur deutlich sauren Reaction versetzt wurden, und wog die

gut abgeschiedene Fällung 0.436 Gr. = 2.18 Proc. löslichen Albumins. Die Filtrate blieben nun bei fortgesetztem Kochen klar, gaben aber doch mit noch mehr Essigsäure eine neue Fällung, die sich beim Umrühren auflöste und erst nach dem Zusatze von einem bedeutenden Überschuss von Essigsäure, nämlich ungefähr 20 Tropfen, constant blieb. Die Menge des coagulirten Albumins war 0.239 Gr. = 1.2 Proc., welches mit der vorigen Fällung 3.38 Proc. löslichen Albumins macht. Die Filtrate setzten nun beim Abdunsten zum Extract keine neuen Albuminate ab und enthielten nach der Verbrennung und nach Abzug der Salze 2.187 Gr. = 10.78 Proc. Extractivstoffe. Da aber für die hinzugesetzten 30 Tropfen Essigsäure eine Berichtigung von 25 Proc. zu machen ist, weil ein Theil derselben, etwa 7 Tropfen = 0.33 Gr. abzuziehen sind, so bekommt man für die Extractivstoffe 1.827 Gr. = 9.14 Proc. Das im Wasser Unlösliche von 30 Gr. Fischmehl gab reichlichen und schönen Leim, 3.141 Gr. = 10.17 Proc. wiegend.

3. 20 Gr. Fischmehl gaben, nachdem sie getrocknet und feinpulverisirt worden, ein gelbes, nach dem vollständigen Trocknen, dunkelbraunes Fett, nur 0.14 Gr. = 0.70 Proc. wiegend.

4. 2 Stickstoffbestimmungen wurden in Ausführung gebracht. Bei der einen gaben 0.8298 Gr. Fischmehl 0.099 Gr. = 12.216 Proc. N, bei der anderen 0.9523 Gr. 0.1155 Gr. = 12.129 Proc. N, und demnach war die Durchschnittszahl der ziemlich gut übereinstimmenden Analysen 12.172 Proc. N. Dieses mit 5.34 multiplicirt giebt 65 Proc. Proteinstoffe, die nach den Detailbestimmungen 16. d. 64.11 Proc. ausmachen.

Eine andere Analyse des Fischmehles, womit Vergleichungen anzustellen wären, kenne ich nicht. Berechnet man die Procente der verschiedenen Stoffe für wasserfreies Fischmehl 16. p—t, so passen die Zahlen im Allgemeinen recht gut zu den entsprechenden für den Leng, den Stockfisch und den frischen Dorsch. (17. 15. 8.). Die unwesentlichen Abweichungen, die vorhanden sind, beruhen zum Theil auf der Schwierigkeit, das Albumin von den Extractivstoffen zu scheiden, hauptsächlich aber darauf, dass im Fischmehl mehr Gräten und unlösliche Salze enthalten sind (wie auch aus dem Aussehen der Asche zu ersehen ist), als im Stockfisch und dem frischen Dorsche. Hierdurch werden nämlich die Procente der Hauptbestandtheile wesentlich herabgedrückt, während dieselbe Ursache oder die vermehrte Salzmenge des Lengs dieselbe Wirkung hat, nämlich eine Herabsetzung der Menge der Proteinstoffe unter den Gehalt des Fischmehles an solchen. Mit Rücksicht auf den Fettgehalt zeigt sich, dass das Fischmehl eben so mager ist, als alles Fleisch der Gadusarten (8, 13, 15, 16, 17).

17. *Leng. Gadus molva Lin. Spillånga eller torkad Långa. Molve. Ling.*

Diesem Fische wird gewöhnlich der Kopf abgeschnitten und die Eingeweide und das grosse Rückgrat ausgenommen. Die beiden Seiten, die zusammensitzen bleiben, werden ausgespannt und dann getrocknet. In dieser Gestalt kommen sie in den Handel. Der Leng wird vor dem Trocknen nicht gesalzen, ich glaube aber, dass man, nachdem man ihn gereinigt hat, ihn eine kurze Zeit im Meerwasser liegen lässt, damit Blut und Farbstoffe ausgezogen werden und der Fisch ein weisses und schönes Aussehen bekomme. Der untersuchte Fisch hatte das gewöhnliche Aussehen und war so trocken, zähe und hart, dass es nur unter Zuhülfenahme eines Hammers und Messers gelang, ihn in kleine Stücke zu hauen, wonach das Fleisch und die Haut zu einem Pulver gestossen wurde, das dann zur Untersuchung diente.

1. 8.052 Gr. Fischpulver gaben nach dem Trocknen und Pulverisiren 5.755 Gr. = 71.47 Proc. Trockensubstanz und demnach 28.53 Proc. Wasser. Die Asche wog 0.952 Gr. = 11.82 Proc. Salze, wovon 2.29 Proc. unlöslich und 9.53 Proc. löslich waren mit einem Chlorgehalte 9.08 Proc. NaCl entsprechend.

2. 20 Gr. Fischpulver wurden, nachdem es mehrere Stunden lang im Wasser aufgeweicht worden, zu einem feinen Mus zerstossen und nun vollständig mit Wasser ausgelaugt. Die Filtrate gaben erst nach einem Zusatz von etwas Essigsäure eine gute Fällung von 0.371 Gr. = 1.86 Proc. löslichen Albumins, 0.98 Gr. = 4.9 Proc. Extractivstoffe. Das im Wasser Unlösliche gab eine grosse Menge schönen gelben Leims, nämlich 2.744 Gr. = 13.72 Proc., wobei doch zu beachten ist, dass die ziemlich dicke Haut des Lengs hier wie bei den übrigen Analysen mit hinzugezogen worden ist.

3. 14.12 Gr. Fischpulver gaben nach dem Trocknen und Pulverisiren nur 0.08 Gr. = 0.57 Proc. Fett, von hellgelbem schönem Aussehen und ohne Thrangeruch.

4. 1.887 Gr. Fischpulver gaben 0.1785 Gr. = 9.459 Proc. N. Dieses mit 5.34 multiplicirt, giebt 50.51 Proc. Proteinstoffe, die dagegen unter 17. d. zu 54 Proc. angegeben werden. Das Letztere dürfte richtig sein. Dass dagegen die N- Bestimmung zu niedrig ausgefallen ist, hat darin seinen Grund, dass die Menge des gebildeten Ammoniaks so ungewöhnlich gross war, dass nur ein geringer Theil der Säure des Absorb-

tionsrohrs ungesättigt blieb, wodurch vielleicht etwas Ammoniak verloren gegangen ist.

Eine ältere Analyse dieses Fisches, womit Vergleichungen anzustellen wären, ist mir nicht bekannt, wohl aber lassen sich solche machen zwichen z. B dem Dorsch und dem Leng, beide im wasserfreien Zustande und mit Abzug von den hinzugefügten Salzen, deren Menge und Beschaffenheit (17. g. o.), zeigen, dass der Fisch vor dem Trocknen auf die eine oder andere Weise *ein wenig* gesalzen worden ist. Der frische Dorsch mit 17 Proc. Trockensubstanz enthält 1.44 Proc. Salze und muss demnach derselbe Fisch mit einer Trockensubstanz von 65 Proc. 5.51 Proc. Salze enthalten. Diese von der Menge der vorhandenen Salze (g) 11.82 Proc. abgezogen, geben 6.31 Proc. fremde Salze, um welche die gefundene Trockensubstanz 71.17 Proc. zu vermindern ist, da der Rest oder die Trockensubstanz, die den wirklichen Fisch im natürlichen und ungesalzenen Zustand repräsentirt, 65.16 Proc. wird. Berechnet man nun die procentische Zusammensetzung des Lengs (17 d — h) für diese Trockensubstanz und mit 5.51 Proc. als die rechte Salzmenge, so erhält man Folgendes: 83.15 Proc. Proteinstoffe, 7.52 Extractivstoffe, 0.87 Proc. Fett, 8.46 Proc. Salze und 14.517 Proc. N. Werden nun diese Zahlen mit den entsprechenden des frischen Dorsches (8. p — t.) verglichen, so ist die Übereinstimmung sehr gut.

C. ÜBERSICHT DER RESULTATE UND EINE DARAUF GEGRÜNDETE VERGLEICHUNG ZWISCHEN FRISCHEN, GESALZENEN UND GETROCKNETEN FISCHEN. [)]

a. Die Menge des löslichen Albumins wechselt von 1.5 bis 3.6 bei einer Durchschnittszahl von 2.17 Proc. Die geringste Menge davon findet sich beim Aal, wo das viele Fett natürlicherweise auf die Procentzahl des Albumins, sowie auf die aller anderen Stoffe, nur nicht diejenige des Fettes, herabdrückend wirkt. Übrigens haben die Fische, die gekocht sich durch ein festes und hartes Fleisch auszeichnen, wie z. B. der Lachs, der Barsch, die Makrele, die grösste Menge löslichen Albumins. Mit Rücksicht auf den Gehalt an löslichem Albumin giebt es eigentlich kein Unterschied zwichen dem Rindfleische und dem Fleische frischer Fische. So haben z. B. 3 Fische weniger und 5 mehr davon als Rindfleisch.

b. Die Menge der unlöslichen Proteinstoffe, mit Abzug der Leimbildner, wechselt bei den frischen Fischen recht viel, von 7.6 bis 12.3 Proc.,

---

[)] Vergleiche die am Schlusse angeführten Tabellen.

und beträgt durschschnittlich 10.44 Proc. Die geringste Menge davon findet sich bei dem Hecht und dem fetten Aal. Übrigens giebt es keinen Fisch, der so viel Proteinstoffe hat als das Rindfleisch. Deren Bedeutung fällt mit den Proteinstoffen zusammen und ich werde darauf weiter unter d. i. p. zurückkommen.

c. Die Menge der Leimbildner wechselt noch mehr zwischen 1 und 3.7 Proc. und beträgt durchschnittlich 2.44 Proc.; sie also eben so gross, wie die Menge des löslichen Albumins. Die geringste Menge Leim bekommt man von der Makrele (mit der ungewöhnlich dünnen Haut), dem Rindfleisch, dem Lachs und dem Aal, oder gerade von dem Fleische, das ohne Haut untersucht wurde. Die Menge der Leimbildner der übrigen Fische ist viel grösser und im Allgemeinen doppelt so gross wie beim Rindfleisch, welches wesentlich darauf beruht, dass die Haut als zum Essen dienlich bei den Untersuchungen mitgenommen wurde und dass dieselbe sehr reich an Leimbildnern ist, welches an der vorher angeführten Untersuchung der Haut des gesalzenen Lachses gezeigt wurde, die 19.5 Proc. Leim bildete. Der Umstand, dass die Ligamente, die Sehnen und Gräten der Fische dieselbe Farbe haben, wie das Fleisch, wodurch es unmöglich wird, dieselben vor der Untersuchung eben so vollständig zu entfernen, wie beim Rindfleisch, trägt auch zur Vermehrung des Leimes bei, da eben diese Gewebe, wie bekannt, beim Kochen viel Leim geben.

d. Weil das lösliche Albumin, die Leimbildner und die übrigen Proteinstoffe als Nahrung in der Hauptsache dieselbe Rolle spielen und da die Leimbildner, wenn sie auch als Nahrungsstoffe von geringerem Werthe sind als die beiden anderen, doch nur eine Kleinigkeit mit Rücksicht auf deren Menge ausmachen, so können und müssen sämmtliche diese Proteinstoffe (d.) zusammengeführt werden, um Klarheit und Übersichtlichkeit zu gewinnen.

Die Summe der sämmtlichen Proteinstoffe wechselt bei den frischen Fischen von 11.6 bis 17.2 Proc. und beträgt im Durchschnitt 15.05 Proc. Die geringste Menge derselben findet sich bei dem fetten Aal, wo das viele Fett die Procente der übrigen Stoffe herabsetzt. Übrigens enthält das Fleisch derjenigen Fische die wenigsten Procente Proteinstoffe, welches das meiste Wasser und die kleinste Menge Trockensubstanz enthält, wie z. B. das des Hechtes, des Dorsches. Hieraus darf man doch nicht den Schluss ziehen, dass in der Muskelsubstanz dieser Fische oder in dem wasserfreien Fleische weniger Proteinstoffe enthalten seien, als in derjenigen der übrigen Fische oder des Rindfleisches, denn weiter unten wird nachgewiesen werden, das gerade das Gegentheil der Fall ist. Die Fische mit magerem wässerigem Fleische haben trocken und wasserfrei den grössten Reichthum an Proteinstoffen, ja sie sind sogar reicher daran als trockenes Rindfleisch, das im frischen Zustande mehr Proteinstoffe (17.9 Proc.) enthält, als irgend ein Fisch; doch ist der Unterschied der Proteinmenge des Rindfleisches und der Scholle (17.2 Proc.) ganz unbedeutend. Unleugbar sind die Proteinstoffe die wichtigsten Bestandtheile des Fleisches, und sollten die verschiedenen Arten von Fleisch und Fischen nach ihrem Gehalte an Proteinstoffen geschätzt werden, so würden wir folgende Reihenfolge erhalten: Rind, Scholle, Strömling, Barsch, Lachs, Makrele (17.9—15.6 Proc.), Dorsch (13.8 Proc.), Hecht (13) und Aal (11.6). Eine solche Schätzung des Nahrungswerthes der Fische wäre allzu einseitig, weil dann keine Rücksicht auf das Fett genommen ist. Dieselbe würde auch zu der unrichtigen Folgerung führen, dass der unzweifelhaft beste und allgemein geschätzteste Fisch, der Aal, der schlechteste sein würde. Richtiger wird der Nahrungswerth der Fische und des Fleisches nicht nach der Menge eines gewissen, wenn auch des wichtigsten Stoffes, sondern nach der Quantität der sämmtlichen Stoffe, oder der Menge der Trockensubstanz beurtheilt. Diese wurde deshalb auch der Aufstellung der Tabelle zu Grunde gelegt, wodurch der beste Fisch, der Aal, auch nicht den letzten, sondern den ersten Rang einnimmt, während der magerste und der an Wasser reichste Fisch, der Hecht, zuletzt kommt.

e. Die Menge der Extractivstoffe im Fischfleisch wechselt unbedeutend zwischen 1.8 und 2.3 Proc. ab und beträgt durchschnittlich 1.93 Proc., demnach eben so viel wie im Rindfleisch. Die Extractivstoffe mit den löslichen Salzen sind allerdings die Stoffe, die den Geschmack des Fleisches bedingen, da sie aber meines Erachtens und vom physiologisch chemischen Gesichtspunkte aus mit eben so gutem wenn nicht besserem Rechte als ein verbrauchtes Material als ein in der That wirkliches Nahrungsmittel betrachtet werden können, und da sie ferner keinen grossen Mengenunterschied bei den verschiedenen Fischen und Fleischarten aufweisen, so bedürfen dieselben hier keiner weitläufigeren Besprechung.

f. Das Fett wechselt hinsichtlich der Menge mehr als irgend ein anderer Bestandtheil des Fleisches. Dasselbe beträgt bei den magersten Fischen, dem Hecht und dem Dorsch 0.2, bei dem Barsch 0.1, der Scholle und dem Rindfleisch etwa 2 Proc. Die 4 übrigen, relativ fetten Fische haben viel mehr Fett, der Strömling 6, der Lachs 10, die fette Makrele 16, der Aal gar 33 Proc. Der Aal ist vermuthlich nicht nur einer der fettesten Fische, sondern auch im Allgemeinen eines der fettesten Nahrungsmittel, welches noch mehr in die Augen fällt, wenn man den wasserfreien Aal mit anderen Nahrungsmitteln im wasserfreien Zustand vergleicht, denn nach 1 r. sind im wasserfreien Aal 70 Proc. Fett. Der Aal kann als Nahrung am passendsten mit dem fetten, beim Schlächter gekauften Fleische oder mit Fleisch mit dem daran hängenden Talg eines fetten Thieres (mit 30—35 Proc. Talg) oder mit Speck (28--70 Proc. Fett) verglichen werden. Nach MOLESCHOTTS Tabelle über die animalischen Nahrungsmittel, nach dem steigenden Fettgehalte geordnet, würde der Aal alle, mit Ausnahme des Knochenmarks, um 33 Proc. übertreffen. Wie der Aal zu den fettesten animalen Nahrungsmitteln gehört, so gehören andererseits der Hecht, der Dorsch und der Barsch zu den magersten, ja kein animalisches Nahrungsmittel dürfte weniger Fett enthalten, als diese. Man geniesst diese auch selten ohne Zusatz von Fett, in der einen oder anderen Form, als in Butter gebraten oder gekocht und mit einer fetten Sauce oder geschmolzener Butter aufgetragen u. s. w. Da die Menge des Fettes bei den verschiedenen Fischen so ungeheuer wechselt (z. B. der Aal enthält ungefähr 150 Mal so viel Fett wie der Hecht oder der Dorsch), so habe ich darauf verzichtet, eine Durschschnittszahl anzugeben, denn dieselbe würde bei der Anwendung nur irreleitend sein, indem es einige ungewöhnlich fette und andere ungewöhnlich magere Fische giebt, welche letztere, wenn auch weniger wegen ihres Geschmackes geschätzt, doch in viel grösseren Qvantitäten als die fetten Fische dem Menschen zur Nahrung dienen.

g. Von den Salzen giebt es im Rindfleisch 1.1 Proc., im fetten Aal etwas weniger, im Hechte eben so viel, in den übrigen Fischen etwas mehr, doch in keinem mehr als 1.7 Proc. Der Unterschied in der Salzmenge zwischen Rindfleisch und Fischfleisch ist äusserst geringfügig und beruht zum Theil darauf, dass es unmöglich war, die weissen Gräten vor der Untersuchung vollständig aus dem Fischfleisch zu entfernen.

h. Die Menge des Wassers wechselt bedeutend ab und steht in einem gewissen Verhältniss zu der Quantität des Fettes, denn auch in den Nahrungsmitteln giebt es so zu sagen einen gewissen Antagonismus zwischen Fett und Wasser, darauf beruhend, dass das reine Fett ganz und gar frei von Wasser ist, woraus wieder nothwendig folgt, dass eine grössere Menge Fett, dem Fleische zugesetzt, oder im natürlichen Zustande demselben von Anfang an angehörend, die Procente des Wassers und die aller anderen Stoffe, mit Ausnahme des Fettes, herabsetzen muss. Dieses wird am klarsten dargelegt von eben dem Aal, n:o 1 der Tabelle, wo alle Ziffern, ausser die des Fettes kleiner sind, als die irgend eines

anderen Fisches. Das Rindfleisch enthält 77 Proc. Wasser, während die
4 fetten Fische weniger hatten, der Strömling 73, der Lachs 70, die fette
Makrele 64 und der Aal gar nur 53 Proc. Die übrigen 4 Fische sind
mager und haben alle mehr Wasser als das Rindfleisch, die Scholle beinahe dasselbe 77 Proc., der Barsch 80, der Dorsch 83 und der Hecht
84 Proc., welche letztere Zahl möglicherweise die grösste Menge Wasser
anzeigt, die im Fischfleisch enthalten ist, während das Gegentheil, die
geringste Wassermenge des Fischfleisches, sich beim Aal finden dürfte.
Der eben erwähnte Antagonismus zwischen Fett und Wasser zeigt sich
am deutlichsten beim einem Vergleiche der Zahlen in den Reihen f. und h.
Die Summe der Procente für Fett und Wasser beträgt sowohl für die
fetten, wie für die mageren Fische 79 bis 85 Proc., indem eine grosse
Menge Fett immer von einer geringen Menge Wasser begleitet ist und
umgekehrt. So hat z. B. der Aal 33 Proc. Fett und 53 Proc. Wasser,
der Dorsch und der Hecht haben beinahe gar kein Fett, das Wasser aber
allein beträgt 83 bis 84 Proc.

Für das Fleisch, das im Gegensatze zu den vegetabilischen Nahrungsmitteln, mit ihrem im Allgemeinen grossen Gehalte an Cellulose
oder Holzstoffen, keine unassimilirbaren oder im eigentlichen Sinne untauglichen Stoffe in nennenswerther Menge enthält, repräsentirt die Trockensubstanz oder der Rückstand nach der vollständigen Entfernung des
Wassers den wirklichen Nahrungswerth des Fleisches, weshalb ich auch
in der Tabelle die verschiedenen Fleischarten nicht nach der Menge der
Proteinstoffe, sondern nach dem Gehalte an Trockensubstanz geordnet habe,
wodurch alle verschiedenen nährenden Bestandtheile des Fleisches, auch das
Fett, ihre rechtmässige Berücksichtigung erhalten haben. Die Trockensubstanz wechselt recht bedeutend ab, von 47 Proc. bei dem fetten Aal
bis zu nur 16 Proc. oder den dritten Theil derselben beim mageren Hecht.
In der Reihe i ist die Menge der Trockensubstanz für die verschiedenen
Fischarten angegeben, weshalb hier nur hervorzuheben ist, dass die 4
fetten Fische, der Aal, die Makrele, der Lachs und der Strömling mehr,
die 4 mageren Fische, die Scholle, der Barsch, der Dorsch und der Hecht
weniger Trockensubstanz haben als das Ochsenfleisch.

k. Die Menge des Stickstoffes verdient ohne Zweifel grosse Beachtung, weil diese einen Ausdruck oder Massstab der Menge der Proteinstoffe ausmacht, und demnach mit deren Bedeutung zusammenfällt. Mit
Rücksicht auf den sehr wechselnden Fettgehalt möchte man auch einen
grösseren Wechsel der Stickstoffprocente erwarten, dieselben bewegen sich
jedoch nur zwischen 2.4 und 3.2 Proc. und sind für keinen so hoch wie

für das Rindfleisch, nämlich 3.33 Proc. Die Scholle kommt dem Rindfleische hierin am nächsten (3.20 Proc.) und sie hat unter den untersuchten
Fischen die grösste Menge Proteïnstoffe. Dass die N-Procente den rela-
tiven Gehalt der Proteïnstoffe richtig angeben, ersieht man deutlich durch
einen Vergleich der Reihen d und 1.

1. Die aus den gefundenen Stickstoffprocenten berechnete Menge
der Proteïnstoffe ist natürlicherweise von der Zahl abhängig, mit der die
Procente für N multiplicirt werden, oder mit anderen Worten von dem
Coefficienten der Stickstoffprocente des Fleisches. Der Gehalt der reinen
Proteïnstoffe an N bewegt sich nur zwischen 15.4 und 16.5 Proc. und
beträgt durchschnittlich 16 Proc., woraus sich ergiebt, dass der in den
reinen Proteïnstoffen vorhandene Gehalt von N mit 6.25 zu multipliciren
ist, um der Menge der Proteïnstoffe zu entsprechen, oder mit anderen
Worten: 6.25 ist der Coefficient der N-Proc. für die reinen Proteïnstoffe
im Allgemeinen. Diese Zahl wird auch recht oft für die Berechnung der
Menge der Proteïnstoffe, sowohl in den vegetabilischen wie in den animalischen Nahrungsmitteln angewendet. Mit Rücksicht wieder auf die
Menge der Proteïnstoffe im Fischfleisch giebt Payen die N-Proc. für viele
verschiedene Fische an und fügt in einer Note hinzu, dass man durch die
Multiplication mit 6.5 die Procente dieser Proteïnstoffe bekommt. Letheby
giebt ebenfalls in einer Tabelle über allerlei Nahrungsmittel deren Gehalt
an N und Proteïnstoffen an, welche letztere 6.5 Mal so gross als N sind.
Dasselbe ist der Fall bei Pavy, der die Ziffern in Lethebys Tabellen
anwendet.

Dass man so ohne Weiteres die Menge der Proteïnstoffe für Fleisch
und andere Nahrungsmittel auf dieselbe Weise berechnet, wie für die reinen Proteïnstoffe, nämlich durch Multiplication der N-Proc. mit 6.25 oder
6.5, führt inzwischen zu grossen Fehlern, weil das Fleisch keineswegs
ein reiner Proteïnstoff ist, sondern eine Menge andere sowohl N-freie
(Inosit) als N-reiche (Kreatin, Hypoxanthin) Stoffe enthält, nämlich die
Extractivstoffe, welche aus eben so guten Gründen für werthlos als mit
den Proteïnstoffen vergleichbar angesehen werden können. Das gewöhnliche sogenannte Liebigsche Fleischextract soll nach der Angabe 9 bis 10
Proc. N, 33 bis 40 Proc. Salze und Wasser zusammen enthalten. Werden
diese abgezogen, so entspricht der Rest den bei den Analysen angegebenen trocknen Extractivstoffen, die also ungefähr 15 Proc. N oder beinahe
dieselbe Menge N enthalten sollen, wie die reinen Proteïnstoffe. Da nun
ferner das Fleisch ungefähr 2 Proc. Extractivstoffe mit einem ungefähr
gleichen Gehalt an N wie die Proteïnstoffe enthält, so erhellt hieraus,

dass die auf die oben angegebene Weise durch die Multiplication von N-Proc. mit 6.25 berechnete Menge der Proteinstoffe viel zu gross werden muss und keineswegs den factisch vorhandenen Proteinstoffen, sondern eher diesen zusammen mit den Extractivstoffen entspricht.

Dass dieses der Fall ist und dass die oben genannte oft angewandte Berechnungsweise der Menge der Proteinstoffe auch vom practischen Gesichtspunkte aus betrachtet äusserst fehlerhaft ist, dürfte eines Beweises durch Anführung von Beispielen bedürfen. Die Procente für N im frischen Rindfleisch werden von PETTENKOFER und VOIT zu 3.40, von PAYEN zu nur 3 angegeben, welches augenscheinlich für mageres Fleisch[1]) allzu niedrig ist und nach meinen Untersuchungen 3.328 oder 3.33 Proc. beträgt. Legt man diese Zahlen der Berechnung der Proteinmenge zu Grund, so erhält man, wenn man, wie PAYEN, LETUEDY u. a. gethan haben, mit 6.5 multiplicirt, 21.6 Proc. und mit der sonst gebräuchlicheren 6.25 20.8 Proc. Proteinstoffe. Nach eigenen und den damit übereinstimmenden Untersuchungen Anderer bin ich des Dafürhaltens, wie es auch vorher beim Rindfleisch nachgewiesen ist, dass die wirkliche Menge der Proteinstoffe im frischen Rindfleisch nicht grösser als 17.9 oder beinahe 18 Proc. sein kann, wohl aber können die Protein- und Extractivstoffe zusammen 20 Proc. betragen.

Man kommt zu demselben Resultat, wenn man die nämliche Berechnungsweise auf wasserfreies Rindfleisch in Anwendung bringt, für welches PETTENKOFER und VOIT 14.11 Proc. N (ich fand 14.32 Proc. darin) angeben. Jenes mit 6.25 multiplicirt, giebt 88.2 Proc. und mit 6.5 — 91.7 Proc. Proteinstoffe. Aus eigenen und den Untersuchungen Anderer geht inzwischen deutlich hervor, dass wasserfreies Rindfleisch in runden Zahlen ungefähr 5 Proc. Salze und 10 Proc. Fett enthält, woraus hervorgeht, dass die übrigen Stoffe, die Protein- und Exstractivstoffe, schwerlich mehr als 85 Proc. betragen können. Rechnet man nun hiervon die Menge der Extractivstoffe (ungefähr 8 Proc.) ab, so bleiben für die Proteinstoffe nur 77 Proc. übrig, also dieselbe Menge, die durch die Analyse gefunden worden und in der Tabelle 5, p. zu ersehen ist. Aus den oben angeführten Gründen ist es ersichtlich, dass die Berechnung der Menge der Proteinstoffe, die sich auf der Multiplication von N-Proc. mit 6.25 oder 6.5 gründet, zu einem sehr fehlerhaften Resultat führt, indem dieselbe dann für was-

---

[1]) Die Procente für N. werden von verschiedenen Verfassern für verschiedene und auch für gleiche Fleischsorten so wesentlich von einander abweichend angegeben (vergl. Gorup Besanez, S. 846), dass es unmöglich ist anzunehmen, diese grosse Verschiedenheit sei wirklich in dem fettfreien Fleische vorhanden, sondern dies muss in dem verschiedenen Fett- und Wassergehalte des untersuchten Fleisches begründet sein.

serfreies Rindfleisch zu gross wird (88—92 Proc.), da die Protein- und
Extractivstoffe zusammen nicht einmal diese Zahl erreichen und die Proteinstoffe allein schwerlich mehr als 77 Proc. betragen können.
Weil die Bestimmung der Proteinstoffe durch Detailanalysen mit
vieler Mühe verbunden ist und es mitunter äusserst schwer hält, das lösliche Albumin vollständig von den Extractivstoffen zu scheiden, während
dagegen die Bestimmung der N-Proc. leicht ausführbar ist, so ist es vom
praktischen Gesichtspunkte aus wichtig, die Zahl genau zu kennen, womit N zu multipliciren ist, um der wirklich vorhandenen Menge der
Proteinstoffe zu entsprechen. Da ich hierüber bei anderen Verfassern
keine genügende Aufklärung fand, so habe ich diesen Coefficienten der
N-Proc. im Fleisch mittelst folgender Berechnung zu erhalten gesucht,
die nicht auf der Analyse einer einzigen Fleischsorte basirt, sondern auf
der Untersuchung von 8 verschiedenen Sorten, wodurch die etwaigen Fehler
sich ausgleichen müssen. Weiter unten soll auch nachgewiesen werden,
dass der für das frische Fleisch gefundene Coefficient auch auf die gesalzenen und getrockneten Fische angewendet werden kann.

Die Summe der Procente des löslichen Albumins, der Leimbildner
und der übrigen Proteinstoffe in 8 verschiedenen Arten von Fischfleisch
und Rindfleisch beträgt nach der Reihe d. 138.29, welche durch die Summe
der Procente für N in demselben Fleisch, nach der Reihe k. 25.914 be-
tragend, dividirt, die Zahl 5.3365 als den Coefficienten giebt, womit die N-
Proc. des Fleisches zu multipliciren sind, um der Menge der Proteinstoffe
zu entsprechen. Die eben angeführte Zahl kann, ohne der Genauigkeit
der Berechnung zu nahe zu treten, zu 5.34 abgerundet werden, welche
abgerundete Zahl denn auch für die Berechnung der Procente für alle in
der Reihe 1 angegebenen Fleischsorten, sowohl frische, wie auch gesalzene und getrocknete, gebraucht worden ist.

Vergleichen wir die *berechneten* Zahlen in der Reihe 1 mit den auf
den Detailberechnungen sich stützenden, so werden wir finden, dass der
Unterschied im Allgemeinen nicht grösser als 0.5 Proc. ist, für einige beträgt er 1 Proc. und für die Makrele sogar 1.6 Proc., welches, wie vorhin
erwähnt, auf einem Fehler in der Stickstoffbestimmung beruhen dürfte.
Der Coefficient scheint eben so anwendbar für Rindfleisch, wie für das
Fleisch der Fische zu sein, denn die berechneten Proteinstoffe desselben
betragen 17.8 und die gefundenen 17.9 Proc. Für das mit dem Rindfleisch
am meisten übereinstimmende Fischfleisch, das Fleisch der Scholle betragen die gefundenen Proteinstoffe 17.2 und die berechneten 17.1 Proc.

m. Die Menge der *unlöslichen* Salze hängt in wesentlichem Grade von der Menge der Gräten ab, die in dem analysirten Fleische enthalten sind und die oft in der Asche des Fischfleisches als dünne, weisse, linienlange Stückchen Knochenerde erscheinen z. B. in der Asche des Fischmehles. Der Wechsel der Menge der unlöslichen Salze von 0.2 bis 0.9 Proc. scheint mir desshalb eher klein als gross zu sein.

n. Die *löslichen* Salze wechselten zwischen 0.5 und 1.5 Proc. Sie finden sich im Rindfleisch in geringster Menge, bei den Fischen im Allgemeinen in grösserer.

o. Die Menge des Chlors ist höchst unbedeutend, ein Unterschied zwischen Süsswasser- und Meerwasserfischen ist nicht zu merken, wie sich auch in dieser Hinsicht das Rindfleisch nicht vom Fischfleisch unterscheidet.

Der Chlorgehalt ist doch nur unmittelbar aus der Asche bestimmt, die aus der unmittelbaren Verbrennung gewonnen wurde, und dürfte nicht als hinreichend genau anzusehen sein.

p—t. Es werden oft zwischen den verschiedenen Nahrungsmitteln in deren natürlichen Zustande Vergleiche angestellt, ohne dabei den verschiedenen Wassergehalt und den Einfluss des letzteren auf die Menge der übrigen Stoffe richtig zu berücksichtigen. Ein oft wiederkehrendes Beispiel hierfür haben wir in den Vergleichungen, die zwischen der Kartoffel und unseren gewöhnlichen Getreidearten angestellt werden. Man sagt z. B. die Kartoffel sei eine schlechte und kraftlose Nahrung und die Menschen, die fast ausschliesslich davon leben, wie die Irländer und arme Leute im Allgemeinen, haben schwache Arbeitskräfte und wenig Verstand, und dieses soll ganz einfach darin seinen Grund haben, dass die Kartoffeln so arm an Proteinstoffen seien und davon nur 1.3 Proc. haben, während z. B. der Roggen ungefähr 10.7 Proc, also 8 Mal so reich daran sei. Man übersieht aber dabei, dass die Kartoffel 73 Proc. und der Roggen nur 14 Proc. Wasser enthält, woraus eine nothwendige Folge wird, dass in der Kartoffel die Procente aller übrigen Stoffe gering ausfallen müssen und für die Proteinstoffe nur 1.3 und für das Stärkemehl 17 Proc. betragen. Berechnet man indessen die Menge der verschiedenen Stoffe für die trockene und wasserfreie Nahrung, so erhält man für die Vergleichung ganz andere Ziffern. Die trockene Kartoffel enthält nämlich 4.8 Proc. Proteinstoffe und 63 Proc. Stärkemehl, der wasserfreie Roggen 12.4 Proc. Proteinstoffe und 78 Proc. (im gewöhnlichen Zustand 67 Proc.) Stärkemehl. Wasserfrei enthält der Roggen demnach nicht 8 Mal, sondern nur 2.6 Mal so viel Proteinstoffe als die Kartoffel, und der Unterschied der

Procente des Stärkemehls ist für beide im wasserfreien Zustand gering, während derselbe in ihrem gewöhnlichen wasserhaltigen Zustande sehr gross ist. Um diese Fehler zu vermeiden und solche oft nothwendige Vergleiche zwischen Rindfleisch und den verschiedenen Fischsorten wie auch anderen Nahrungsmitteln zu erleichtern, habe ich die in den Reihen d—h angegebene procentische Menge des entsprechenden Fleisches im wasserfreien Zustande umgerechnet und findet man die Resultate in den Reihen p—t. Bei einer, wenn auch ganz flüchtigen Durchschau dieser Reihen sieht man:

1. Das magere Fischfleisch im trocknen Zustand, wie z. B. das des Barsches, des Dorsches und des Hechtes, enthält etwas mehr als ⅘, nämlich 81 Proc., Proteinstoffe, kaum 10 Proc. Extractivstoffe, reichlich 1 Proc. Fett und ungefähr 8 Proc. Salze.

2. Das Fett ist ein der Muskelsubstanz so zu sagen fremder Stoff, woraus folgt, dass in demselben Grade, wie das Fett sich im Fleisch vermehrt, in demselben Grad nehmen die Procente der übrigen Stoffe ab. Als Beweis hierfür sei angeführt, dass das Fett in der Reihe r regelmässig abnimmt, während alle Ziffern für die übrigen Stoffe, also die Proteinstoffe, die Extractivstoffe und die Salze in den Reihen p. q. s. mit wenigen Ausnahmen regelmässig steigen. So z. B. nimmt das Fett in folgender Reihenfolge ab: Aal 70, Makrele 46, Lachs 34, Strömling 22, Rindfleisch 10, Scholle 8, Barsch 2, Dorsch und Hecht 1 Proc., während die Menge der Proteinstoffe in ganz derselben Reihenfolge steigt: Aal 25, Makrele 44, Lachs 54, Strömling 63, Rindfleisch 77, Scholle 76, Barsch 82, Dorsch und Hecht 81 Proc.

Als Endresultat ergiebt sich aus diesen Vergleichungen zwischen den verschieden Arten von Fischen untereinander und mit dem Rindfleisch, dass die eigentliche Muskelsubstanz ohne Fett bei allen Thieren [1] von gleicher Zusammensetzung zu sein scheint. Die Verschiedenheiten beruhen ganz einfach entweder auf einem ungleichen Gehalt an Wasser oder Fett, welches letztgenannte für die verschiedenen Fleischarten, und für die der Fische nicht am wenigsten, ganz bedeutend abwechselt. Von den Fischen müssen die mageren zu den magersten, und die fettesten z. B. der Aal zu den fettesten animalischen Nahrungsmitteln gerechnet werden, und werden die letzteren an Fettreichthum nur vom Speck, von der Butter u. dgl. übertroffen.

[1] Das Fleisch aller Säugethiere unterscheidet sich, wie bekannt, nicht wesentlich vom Rindfleisch und oben ist nachgewiesen, dass das Fischfleisch ebenfalls damit übereinstimmt; ja auch das Fleisch niedrigerer Thiere, wie z. B. das des Hummers, hat in der Hauptsache dieselbe Zusammensetzung wie das Rindfleisch.

Gesalzene Fische.

Den allgemeinsten und geschätztesten der untersuchten gesalzenen Fische, den norwegischen Häring, habe ich nicht im frischen Zustand untersuchen können. Die fette Makrele, den Lachs und den Strömling findet man dagegen auf der Tabelle für die frischen Fische unter den Rubriken 2. 3. und 4, und der Kabeljau lässt sich mit Recht mit dem gewöhnlichen Dorsch unter N:o 8 vergleichen. Die Ziffern auf der Tabelle für die gesalzenen Fische dürfen allerdings nicht so unmittelbar mit den entsprechenden Ziffern der frischen Fische verglichen werden, weil die Fische durch das Salzen eine grosse Menge Wasser verloren haben, wodurch die Procente der übrigen Stoffe viel gesteigert worden sind. Der Unterschied ist doch nicht gross, sondern eher merkwürdig klein, weil der grösste Theil des verlornen Wassers durch einen anderen Stoff, das Kochsalz, ersetz worden ist.

a. Die Menge des löslichen Albumins, die durch das Salzen wie die übrigen Stoffe sich etwas hätte vermehren müssen, hat sich anstatt dessen bedeutend vermindert. Dieses rührt ohne Zweifel davon her, dass die Fische wie auch das Rindfleisch durch das Salzen nicht nur Wasser verlieren, sondern auch andere in der Salzlake aufgelöste Stoffe, wie Salze und Albumin. Der Verlust an Salz wird durch das hinzugesetzte Kochsalz, das in das Fleisch hineindringt, vielfach ersetzt, während das lösliche Albumin, das in die Salzlake hineingeht, nicht ersetzt werden kann. Zu einem wenn auch geringen Theil dürfte wohl dieser Verlust an löslichem Albumin darauf beruhen, dass das Albumin durch die anhaltende Berührung mit der Salzlake unlöslich geworden und dadurch zur Vermehrung der unlöslichen Proteinstoffe beigetragen hat. Der Lachs enthielt unter den frischen Fischen die grösste Menge löslichen Albumins und dasselbe ist unter den gesalzenen Fischen der Fall. Für den gesalzenen Lachs fehlt nur etwas über ½ des löslichen Albumins, wobei doch nicht zu übersehen ist, dass der Lachs von allen gesalzenen Fischen am gelindesten gesalzen ist (vergl. Reihe g). Für die mehr gesalzenen Fische, wie Makrele und Strömling, geht etwa die Hälfte des löslichen Albumins verloren, während der Verlust daran in dem am stärksten gesalzenen Fische, dem Kabeljau, noch grösser ist, nämlich ¾. Nur ¼ der an und für sich geringen Menge löslichen Albumins des frischen Dorsches (8) ist noch im Kabeljau vorhanden.

b. Die unlöslichen Proteinstoffe des gesalzenen Fisches haben bedeutend zugenommen, welches zum allergrössten Theil wenn nicht ausschliesslich darauf beruht, das die Salze und das Wasser des gesalzenen Fisches zusammen nicht eben so viele Procente ausmachen, als davon in dem frischen Fische enthalten sind, und woraus mit Nothwendigkeit folgt, dass die anderen Stoffe sich vermehrt haben müssen.

c. Mit Rücksicht auf die Menge der Leimbildner ist zwischen dem frischen und gesalzenen Fische keine bemerkenswerthe Verschiedenheit aufzuweisen, mit Ausnahme des Kabeljaus, der davon doppelt so viel als der frische Dorsch enthält, welches schwerlich auf etwas anderem beruhen kann, als theils auf einer gewissen Concentrirung durch das Salzen, theils und hauptsächlich darauf, dass der Leng (G. Molva) im Vergleich zum Dorsch (G. Callarias) eine viel dickere Haut hat.

d. Die Gesammtmenge der Proteinstoffe ist im Allgemeinen bei den gesalzenen Fischen grösser als bei den frischen. Dies beruht auf der vorhinerwähnten Concentrirung durch das Salzen und sie ist demnach um so grösser, je grösser die Concentrirung ist. Für den Strömling, wo im frischen und gesalzenen Zustande die Summe der Salze und des Wassers fast gleich ist, ist auch die Menge der Proteinstoffe beinahe dieselbe. Für den Lachs und in noch höherem Grade für den Kabeljau, wo diese Concentration grösser ist, für den Lachs 6 und für den Kabeljau 12 Proc., vermehrt sich auch die Menge der Proteinstoffe um resp. 3.3 und 9.9 Proc.

e. Die Menge der Extractivstoffe hat sich durch das Salzen in noch höherem Grade vermehrt, welches eine Folge der Concentration sein kann und möglicherweise auf einer solchen Veränderung des löslichen Albumins beruht, dass nicht immer dessen vollständige Coagulirung stattfindet sondern ein Theil davon zu den Extractivstoffen übergegangen ist.

f. Die Menge des Fettes erleidet natürlich durch das Salzen keine andere Veränderung, als die, welche eine nothwendige Folge der Concentration ist. Es kann sich doch ein Unterschied zeigen, wenn nämlich der Fisch als frisch und vor dem Salzen nicht in gleichem Masse fett war, welches z. B. der Fall war bei der fetten Makrele. Die im Spätherbst gefangene Makrele war fetter als die früher gefangene und gesalzene. Rücksichtlich der Beschaffenheit scheint das Fett sich durch das Salzen etwas zu verschlechtern. Wahrscheinlich wird es ranzig, denn das Fett gesalzener und getrockneter Fische hat einen stärkeren Thrangeruch, als das von frischen Fischen.

g. Die Salzmenge frischer Fische wechselte nicht sehr und war im Durchschnitt 1.1 Proc., während dieselbe für 5 gesalzene Fische im

Durchschnitt 16.9 Proc. beträgt und also um 15.5 Proc. grösser var. Am gelindesten gesalzen sind der Lachs, der norwegische Häring und die fette Makrele (etwa 14 Proc. Salzzunahme), der Strömling (16 Proc.), wogegen der Kabeljau am stärksten gesalzen ist (18 Proc.) Hieraus folgt natürlicherweise nicht, dass beim Salzen keine grössere Menge Salze hinzugesetzt worden ist, ein Theil bleibt aber in der Lake.

h. Die Wassermenge der Fische nimmt natürlich durch das viele Wasser, das in das Salz übergeht und die Lake bildet, ganz bedeutend ab. Die Verminderung der Procente des Wassers entspricht im Allgemeinen nicht nur der hinzugesetzten oder richtiger der von dem Fische aufgenommenen Salzmenge, sondern übersteigt dieselbe, welches eine Erhöhung der Procente der übrigen Stoffe, eine Art Austrocknen oder Concentration bewirkt. Diese Wasserabnahme wird doch je nach der hinzugesetzten Salzmenge grösser und war z. B. für die Makrele 16 Proc., für den Lachs 19 Proc., für den Strömling beinahe 18 Proc. und für den Kabeljau über 30 Proc., welche letztere Zahl die hinzugesetzte Salzmenge um 14—18 Proc. übersteigt und die vorhin erwähnte Concentration mit deren Folgen bewirkt. Dasselbe zeigt sich auch im höchsten Grad für den am stärksten gesalzenen Fisch, für den Kabeljau, bei dem das Wasser sich um beinahe 31 Proc. vermindert, die Salze aber um 18 Proc. vermehrt haben und woraus eine Mehrverminderung des Wassers von 13 Proc. im Verhältniss zur vermehrten Salzmenge sich ergiebt. Dieser Verminderung entspricht eine gleiche Vermehrung der übrigen Stoffe und dies verursacht eben den grossen Unterschied, der sich z. B. zwischen dem Dorsch (8) und dem Kabeljau zeigt, wo z. B. sich die Proteinstoffe von 13.8 bis zu 23.7 also um 10 Proc. vermehrt haben [1]).

i. Die Trockensubstanz ist durch das Salzen vermehrt worden und ist beim gesalzenen Fisch viel grösser als bei dem frischen. Dieselbe entspricht nicht dem Nahrungswerth des gesalzenen Fisches, indem darin eine grössere Menge für den Organismus unwichtige Salze wie Chlornatrium enthalten sind, als der letztere gebrauchen kann, und die desshalb vor der Anwendung gewöhnlich durch Entwässerung entfernt werden.

k. Die Stickstoffprocente sind im Allgemeinen durch das Salzen vermehrt worden, aber dieses ist nur eine Folge der Concentration, welches am deutlichsten durch einen Vergleich zwischen Strömling und Dorsch

---

[1]) Es will mir scheinen, als ob der Kabeljau ein wenig getrocknet und nicht nur stark gesalzen worden ist, und ich weiss nicht, ob dieses nicht bei aller Bereitung des Kabeljaus stattfindet.

im frischen und gesalzenen Zustande ersichtlich ist. Für den Strömling beträgt die Concentration nur ungefähr 1 Proc. und der frische Strömling hat 3.01, der gesalzene 3.10 Proc. N. Für den Kabeljau ist die Concentration ungewöhnlich gross, nämlich reichlich 12 Proc. und der frische Dorsch hat nur 2.67, der Kabeljau dagegen 4.58 Proc. N, also mehr als irgend ein anderer gesalzener Fisch.

l. Dividirt man die Summe der Proteinstoffe des gesalzenen Fisches nach d durch die Summe der Stickstoffprocente nach k, so bekommt man den Quotienten 5.308 als die Zahl, womit N-Proc. zu multipliciren ist, um der bei der Analyse gefundenen Menge der Proteinstoffe zu entsprechen. Der geringe Unterschied zwischen dieser Zahl und des bei der Berechnung der Proteinstoffe angewandten Coefficienten 5.34 beruht möglicherweise zum Theil auf der vorhin angemerkten Ungleichheit zwischen dem frischen und gesalzenen Fisch mit Rücksicht auf die Menge des löslichen Albumins. Der Unterschied ist indessen nicht grösser, als dass er möglicherweise von einem Fehler bei den Untersuchungen herrühren könnte, und da diese am leichtesten mit dem frischen Fisch ausgeführt werden, habe ich es nicht für nöthig angesehen, zur Berechnung der Proteinstoffe aus N-Proc. für gesalzene Fische einen anderen Coefficienten anzuwenden, als für frische Fische, nämlich 5.34. Die Menge der Proteinstoffe wird übrigens beinahe dieselbe, ob man die eine oder die andere Zahl anwendet, denn der Unterschied zwischen diesen Zahlen selbst ist nur höchst unbedeutend. Dass der für den frischen Fisch angewandte Coefficient 5.34 auch für den gesalzenen Fisch anzuwenden ist, ist aus der Reihe l ersichtlich, wo die Menge der Proteinstoffe aus N-Proc. nach k durch Multiplication mit 5.34 berechnet ist und wo die Abweichungen von der auf der Reihe d angegebenen Menge der Proteinstoffe nirgends um mehr als 0.7 Proc. abweicht.

m. n. o. Die Menge der unlöslichen Salze ist beinahe dieselbe bei frischen und gesalzenen Fischen, während die löslichen durch das Salzen vervielfältigt worden sind. Wenn die nach der Chlortitrirung berechnete Menge des Chlornatriums nach Reihe o von den löslichen Salzen nach Reihe n abgezogen wird, so bekommt man einen Rest, der nur wenig von der Menge der löslichen Salze des entsprechenden frischen Fisches abweicht.

p—t. Vergleicht man den frischen und gesalzenen Fisch im wasserfreien Zustande mit einander, so bemerkt man bei dem gesalzenen Fisch eine ganz bedeutende Verminderung der Proc. aller Stoffe, mit ausnahme der Salzen, deren Menge sich sehr vermehrt hat. In der Trockensubstanz des frischen Fisches sind nur 2—8 Proc. Salze, in derjenigen des gesalzenen Fisches dagegen 27—41 Proc. Salze. Dieser Reichthum an Salz bewirkt natürlicherweise eine grosse Verminderung der Procente der übrigen Stoffe, die bei den Stoffen sehr in die Augen fält, welche in einer grösseren Menge vorhanden sind, wie z. B. die Proteinstoffe und das Fett bei den fetten Fischen. Giebt man sich die Mühe, von der Trockensubstanz des gesalzenen Fisches die durch das Salzen hinzugesetzten fremden Salze abzurechnen, und berechnet man dann für die übriggebliebene Trockensubstanz die Ziffern in den Reihen d—g, so bekommt man im Allgemeinen für den gesalzenen Fisch Zahlen, die mit denen des wasserfreien frischen Fisches ziemlich übereinstimmen.

Die wichtigsten Veränderungen, die der Fisch durch das Salzen erleidet, sind nach meiner Ansicht: 1. Die Salze vermehren sich um 13—18 Proc. 2. Das Wasser vermindert sich um etwas mehr, als die Salze sich vermehren. Je mehr der Fisch gesalzen ist, desto grösser ist dieser Unterschied. 3. Es findet eine gewisse Concentration oder Vermehrung der übrigen Stoffe statt, während das lösliche Albumin sich nicht vermehrt sondern sich gar um die Hälfte oder zwei Drittel vermindert, hauptsächlich deshalb, weil es in die Salzlake übergeht. 4. Die werthvollen Kalisalze und Phosphate werden gegen das mehr indifferente Kochsalz ausgetauscht. Weil die wichtigsten Bestandtheile der Fische, die Proteinstoffe und in Betreff der fetten Fische auch das Fett, durch das Salzen sich vermehrten, so dass davon in den gesalzenen Fischen mehr Procente enthalten sind, als in den frischen, so folgt auch hieraus, dass die Fische durch das Salzen sich in dem Sinne verbessert haben, dass dasselbe Gewicht gesalzener Fische mehr nährende Bestandtheile enthält als dasselbe Gewicht frischer Fische.

Getrocknete Fische.

Getrocknete Fische werden allgemein und in nicht geringer Menge verbraucht. Drei verschiedene Arten der im Handel vorkommenden getrockneten Fische habe ich untersucht, nämlich den Stockfisch, den Leng und das Fischmehl. Alle dürften von Gadusarten bereitet sein, zwar auf verschiedene Weise, aber mit demselben Endresultat, eine mehr oder weniger weitgetriebene Austrocknung und daraus folgende Concentration oder Vermehrung der sämmtlichen festen Stoffe. Vergleicht man inzwischen die procentische Menge der verschiedenen Stoffe des getrockneten Fisches (15. 16. 17. Reihen a—o) mit den entsprechenden Zahlen des

frischen oder gesalzenen Fisches, so scheint zwischen diesen eigentlich
keine Ähnlichkeit vorhanden zu sein, denn überall, mit Ausnahme für
das Wasser, sind die Zahlen bedeutend grösser geworden, wodurch die
Vergleichungen erschwert werden. Bald wird sich doch zeigen, dass diese
grosse Verschiedenheit nur scheinbar ist, und dass sie nur in einer bedeutenden Verminderung der Wassermenge besteht, welches wiederum
nothwendig auf die procentische Menge der übrigen Stoffe einwirkt. Der
frische Dorsch hat 83 Proc. Wasser, die getrockneten Gadusarten enthalten
dagegen als Leng 29, als Fischmehl 17 und als Stockfisch gar nur 14
Proc. Wasser. In dem Fischmehl sind 83 Proc. Trockensubstanz, in dem
frischen Dorsch wiederum eben so viel Wasser. Mit Rücksicht auf den
Stockfisch ist die Austrocknung noch grösser, die Trockensubstanz hat
sich von 17 bis 86 Proc. vermehrt d. h. sie ist durch das Austrocknen
reichlich 5 Mal so gross geworden, als sie in dem frischen Fische war.

Von dem löslichen Albumin sind allerdings mehr Procente in dem
getrockneten Fisch als in dem frischen oder gesalzenen Fisch enthalten,
berücksichtigt man aber in gebührender Weise die Austrocknung und deren
Folgen, so wird es sich zeigen, dass die Vermehrung nur eine schein-
bare ist, und dass eine wirkliche Abnahme zu constatiren ist. Der frische Dorsch mit 17 Proc. Trockensubstanz und 1.8 Proc. löslichen Albumins (S. i. a.), müsste getrocknet bei 83 Proc. Trockensubstanz demnach
beinahe 5 Mal so viel lösliches Albumin, also 9 Proc. enthalten. Man
findet dagegen davon beim Stockfisch nur 5.4, im Fischmehl 3.4 und im
Leng gar nur 1.9 Proc. Anstatt einer scheinbaren Vermehrung ist also
im getrockneten Fisch ein Mangel an löslichem Albumin da, der ½—¾ der
Menge beträgt, die vorhanden sein müsste. Die Ursachen hierzu dürften
von verschiedener Art sein. In Betreff des Stockfisches, wo der Mangel
am kleinsten ist, dürfte derselbe eine Folge der langsamen Austrocknung
sein, in Betreff des Fischmehles rührt derselbe vielleicht von der Wärme
her, die bei der Bereitung angewandt wurde, da wie bekannt, ein Theil
des löslichen Albumins der Fische bei sehr niedriger Temperatur coagulirt,
in Betreff des Lengs, wo der Ausfall am grössten ist, dürfte derselbe zum
Theil in einer Auswässerung mit Salzwasser, die dem Trocknen vorher-
ging, seinen Grund haben.

Die Menge der Leimbildner, ungefähr 12 Proc., scheint besonders
gross zu sein, wenn sie mit derjenigen des frischen Dorsches 2.7 Proc.
verglichen wird, sie ist jedoch nicht grösser, als dem Austrocknen und der
ungefähr fünffachen Vermehrung der sämmtlichen festen Stoffe entsprechend ist.

Die Stickstoffprocente scheinen auch sehr gross zu sein, sind jedoch nicht grösser, als zu erwarten war, sondern eher etwas kleiner, denn um der Menge der Proteinstoffe zu entsprechen, müssten sie eigentlich mit 5.55, und nicht mit 5.31 multiplicirt werden, welche letztere Zahl doch aus denselben Gründen gebraucht wurde, die bei den gesalzenen Fischen angegeben worden sind. Die aus den N- Proc. durch Multiplication mit 5.31 berechnete Menge der Proteinstoffe ist unter 1 zufinden. Wenn man diese Zahlen mit den entsprechenden in der Reihe d vergleicht, so scheint der Unterschied nicht unbedeutend zu sein, ist jedoch nicht so gross, wenn man bedenkt, dass die Proteinstoffe $\frac{1}{3}$—$\frac{2}{3}$ des gesammten Fischfleisches ausmachen.

Von unlöslichen Salzen ist im Fischmehl doppeltso viel so als in den beiden anderen Arten getrockneter Fische. Dieses rührt zweifelsohne von den vielen, kleinen weissgebrannten Grätenfragmenten her, die man in dessen Asche gewahrt und welche zeigen, dass bei der fabriksmässigen Herstellung des Fischmehles die kleinen Gräten nicht mit der Genauigkeit entfernt werden, als bei den Analysen geschah.

Der am gelindesten getrocknete Fisch, der Leng, enthält so vielfach mehr lösliche Salze, hauptsächlich Chlornatrium, als die beiden anderen Arten getrockneter Fische, dass es augenscheinlich ist, dass dieser Fisch auf die eine oder andere Weise vor dem Trocknen gesalzen worden ist. Es kommt mir vor, gehört zu haben, dass man den gereinigten Fisch zuvor in Meerwasser legt, um ihn ein wenig auszulaugen und ihn weisser zu erhalten, wodurch dann dieser Gehalt an Kochsalz zu erklären wäre.

Vergleicht man den getrockneten Fisch im wasserfreien Zustand mit dem Dorsch und anderen ähnlichen Fischen z. B. dem Hecht und dem Barsch, ebenfalls im wasserfreien Zustand (7. 8. 9. p—1), so findet sich kein anderer wesentlicher Unterschied dazwischen, als dass die Menge der Salze im Fischmehl und im Leng aus den oben angegebenen Gründen etwas grösser ist, wodurch die Procente der Hauptbestandtheile, nämlich der Proteinstoffe etwas herabgesetzt werden.

D. EINIGE BEISPIELE VON DER ANWENDUNG DER ANALYSEN AUF PRAKTISCHE ZWECKE, Z. B. AUF DIE BEURTHEILUNG DES NAHRUNGSWERTHES UND DES VERKAUFSPREISES VERSCHIEDENER FISCHARTEN.

Zuweilen richtet man die Frage an eine erfahrene Hausmutter, warum sie nicht öfter Fische anwende, die doch nicht mehr als die Hälfte dessen kosten, was z. B. für Rindfleisch bezahlt wird, das doch nichts anderes oder nahrhafter als Fischfleisch sei. Die Antwort auf diese Frage ist beinahe immer dieselbe und hauptsächlich folgende: Selbst wenn die Fische wirklich so nahrhaft wären, wie das Fleisch, welches doch sehr bezweifelt wird, so sind die Fische doch, abgesehen davon, dass deren Zubereitung in der einen oder anderen Form gewöhnlich mehr Butter oder Fett erfordert und dadurch theuer wird, so wenig verschlags am und sättigen im Vergleich zu Fleisch so wenig, dass die Fische als Nahrung in der Länge theurer als dieses werden.

Diese auf Erfahrung sich gründende Ansicht ist auch wohl berechtigt, wenn von Barschen, Dorschen und Hechten die Rede ist, denn selbst wenn man diese für den halben Preis des knochenfreien Rindfleisches kaufen könnte, so enthält das Fleisch dieser Fische nicht eben so viele nährende Bestandtheile als das Rindfleisch, welches, selbst wenn es mager ist, 23 Proc. oder beinahe ¼ seines Gewichts nährende Stoffe enthält, während diese wasserreichen Fische nur 16—20 oder etwas mehr als ⅕ davon enthalten. Der Unterschied ist doch viel grösser, als aus diesem Vergleich zu ersehen ist, welcher an dem gewöhnlichen Fehler oder Übersehen leidet, dass von dem gekauften knochenfreien Rindfleisch Alles zu gebrauchen ist und Nichts weggeworfen wird, während beim Reinigen ein grosser Theil des gekauften Fisches wegfällt, wozu noch kommt, dass die zur Nahrung untauglichen Gräten einen wesentlichen Verlust herbeiführen. Dieser gesammte Abgang dürfte für die eben erwähnten Fische zu etwas mehr als die Hälfte veranschlagt werden können [1]). Von den 16—20 Proc. nährenden Stoffen, die in dem Fleisch dieser Fische sind, werden also nur ungefähr 9 Proc. des Gewichtes der gekauften Fische

---

[1]) Das im gewöhnlichen Sinn Essbare des Hechtes betrug 53 Proc., das eines grossen Barsches dagegen nur 41 Proc. des gekauften Fisches. Betrachtet man Kopf, Rogen etc., wenn auch nicht mit Recht, als nicht geniessbar, so geht von dem Barsch ⅔ verloren. Das Essbare des Aales und gesalzenen Härings beträgt dagegen 65 Proc. == ⅔ dessen, was der Fisch wiegt.

als Nährmittel angewendet, dagegen 23 Proc. von dem gekauften Rindfleisch. Der Einkaufspreis beider Nahrungsmittel muss sich also zu einander wie 9: 23 oder wie 39: 100 verhalten. Soll also der Gebrauch
von solchen Fischen wie Hechte und Barsche, im Vergleich zu Rindfleisch
keinen ökonomischen Verlust bringen, darf deren Einkaufspreis nicht mehr
als 40 Proc. von dem betragen, was knochenfreies Rindfleisch kostet. Gross
wird in jeder Hinsicht der ökonomische Gewinn beim Gebrauch von Fischen an den Orten, z. B. an der Westküste Schwedens, wo man z. B.
Dorsche und andere Gadusarten, um nicht von den Schollen zu reden, für
½—⅓, ja zuweilen für ¹⁄₁₀ dessen kaufen kann, was knochenfreies Rindfleisch kostet.

Anders gestaltet sich der Vergleich, wenn derselbe zwischen Rindfleisch und solchen Fischen, wie z. B. der Scholle, angestellt wird, deren
Fleisch eben so nahrhaft ist, wie das Rindfleisch, weil bei denen der
Verlust beim Reinigen im Vergleich mit den Hechten, Dorschen u. s. w.
unbedeutend ist. Für die fetten Fische, wie z. B. die Strömlinge, den
Lachs, die Makrele und den Aal, kann man ohne ökonomischen Verlust
einen weit höheren Preis bezahlen, als für die mageren Fische, weil jene
viel mehr nährende Stoffe haben als diese und gar als das magere oder
besser talgfreie Rindfleisch. An Trockensubstanz oder Nährstoffen enthält
z. B. der Aal doppelt so viel, wie das Rindfleisch, da aber die Nährstoffe
des fetten Aales von ganz anderer Beschaffenheit sind, als das gewöhnliche
Rindfleisch, so können sie nicht unmittelbar mit einander verglichen werden.
Die fetten Fische müssen nämlich mit talgreichem Fleisch, wie man es beim
Schlachter kauft, verglichen werden, welcher Vergleich doch mehr Platz erfordert, als wir hier demselben einräumen können. Dabei ist auch nicht zu
übersehen, dass von dem eingekauften Aale ¼ beim Reinigen verloren geht.

Obgleich zwischen dem frischen Dorsch, dem Leng, dem Fischmehl und dem Stockfisch im wasserfreien Zustand eigentlich kein Unterschied ist, so sind sie doch in ihrem gewöhnlichen Zustand, worin sie
verkauft werden, so verschieden, dass wir noch einmal auf diesen Unterschied zurückkommen müssen. Der gewöhnliche Dorsch enthält, wie der
Hecht, kein Fett, aber 83 Proc. Wasser und 17 Proc. Trockensubstanz,
davon beinahe 14 Proc. Proteinstoffe. Der Stockfisch ist ebenfalls beinahe
fettfrei, enthält aber nur 14 Proc. Wasser und dagegen 86 Proc. Trockensubstanz, wovon 72 Proc. Proteinstoffe. Keine Fleischart enthält so viel
Wasser und so wenig Proteinstoffe, als frischer Dorsch und Hecht, und
kein Fleisch und wahrscheinlich keine animalische Nahrung enthält so
wenig Wasser und so viel Proteinstoffe wie der Stockfisch.

Mit Rücksicht auf den Nahrungswerth ist inzwischen der Unterschied zwischen den frischen Fischen, wie z. B. dem Dorsche, und den getrockneten Fischen, wie z. B. den Stockfischen, dem Leng und dem Fischmehl weit grösser, als die eben angeführten Ziffern zu erkennen geben, denn von den frischen Fischen wird gewöhnlich nur etwa die Hälfte deren Gewichtes als zum Essen dienlich angewendet, während wenig oder fast nichts von dem getrockneten grätenfreien Fischfleisch verloren geht. Es ist nicht zu übersehen, dass der Stockfisch und der Leng gewöhnlich so hart und so hornicht sind, dass sie erst geniessbar werden, wenn man eine bedeutende Arbeit durch das Einweichen darauf verwendet hat, aber auch dabei dürfte wenig Nahrstoff verloren gehen. In der Form von Fischmehl ist auch der getrocknete Fisch vollständig anwendbar und ohne viele Umstände leicht geniessbar und schmackhaft zu machen. Berücksichtigt man gebührendermassen den geringen Wassergehalt und Proteinreichthum der getrockneten Fische und bedenkt man, dass fast Alles zum Essen dienlich ist, so dürfte es kein Nahrungsmittel geben, das sich an Proteinreichthum mit den getrockneten Fischen messen kann und mit Hinsicht auf Preisbilligkeit und Proteinreichthum lässt sich keine Nahrung mit dem Stockfisch vergleichen.

Der Nahrungswerth des Fleisches und der Fische kann nach der Menge der Trockensubstanz, die bei beiden gleichartig ist, bestimmt werden, so lange man nämlich Vergleichungen zwischen Fleisch und Fischen von einigermassen gleichem Fettgehalt anstellt. Ja auch der Nahrungswerth der gesalzenen Fische kann nach der Menge der Trockensubstanz derselben bestimmt werden, wenn dieselbe, nämlich vor der Vergleichung, um die Menge der hinzugesetzten fremden Salze (etwa 15 Proc.) vermindert wird. So hat z. B. der Kabeljau 47.6 Proc. Trockensubstanz, worin 18.6 Proc. fremde Salze enthalten sind, und hat also der Fisch 29 Proc. gewöhnliche Trockensubstanz, wonach dessen Nährkraft zu beurtheilen ist. 1 Kilo knochenfreies Rindfleisch mit 232 Gr. Trockensubstanz · ist demnach = 800 Gr. Kabeljau, 280 Gr. Fischmehl und gar nur 269 Gr. Stockfisch, denn diese alle enthalten 232 Gr. nährende Trockensubstanz. Das Rindfleisch hat also den geringsten Nahrungswerth, vom Kabeljau ist ⅓ und vom Fischmehl und Stockfisch etwas mehr als ¼ des Gewichtes des Rindfleisches erforderlich, um demselben, wenn auch nicht an Geschmack, so doch an Nahrungskraft zu entsprechen.

Will man wirklich praktisch den Werth einer Nahrung im Vergleich zu einer anderen beurtheilen, so muss man nicht allein danach sehen, wie viele Procente davon nahrhaft sind und wie viele Procente davon wirklich

zum Essen dienlich sind, sondern man muss auch deren Einkaufspreis
oder Verkaufswerth in Betracht ziehen. Nun ist dieser allerdings an den
verschiedenen Orten verschieden, weshalb ein solcher Vergleich nicht allgemein gültig ist, legt man aber kein Gewicht auf Kleinigkeiten oder
kleine Verschiedenheiten, so kann man mittelst eines solchen Vergleiches
auf eine äusserst einfache und klare Weise sofort sehen, welch ein grosser
Unterschied an Werth in den verschiedenen Nahrungsarten vorhanden ist.
Hierüber sollen bald einige Exempel angeführt werden, und gerne hätte
ich zu diesen Vergleichungen auch den norwegischen Häring und den
Strömling herbeigezogen, um darzulegen, wie nahrhaft und billig zu gleicher Zeit diese Fische in der That sind; da aber beide, besonders der
norwegische Häring, sehr fett sind, habe ich sie nicht mit den mageren
Fischen und dem gewöhnlichen knochenfreien Rindfleisch vergleichen wol-
len. Nach hiesigem gangbaren Preis kostet 1 schwedisches Pfund knochenfreies Rindfleisch 50 Öre [1]), Kabeljau 20, Stockfisch 17, Fischmehl 93 Öre.
Ein Paket Fischmehl kostet nämlich 2 Kronen und wiegt ungefähr 215
Ort. Nach diesen Preisen kostet demnach 1 Kilo (= 2.35 schwedische
Pfund) knochenfreies Rindfleisch 117 Öre, Kabeljau 47, Stockfisch 40
und Fischmehl 219 Öre. Oben ist nachgewiesen, dass mit Rücksicht auf
die Beschaffenheit und Menge der Nahrungstoffe 1 Kilo Rindfleisch = 800
Gr. Kabeljau, 269 Gr. Stockfisch und 280 Gr. Fischmehl, welche Qvantitäten nach den obigen Verkaufspreisen zu haben sind, das Rindfleisch
für 117 Öre, der Kabeljau für 38 Öre, der Stockfisch für 11 Öre und das
Fischmehl für 61 Öre. Eine gleich nahrhafte, wenn auch nicht gleich
wohlschmeckende Nahrung wäre also zu sehr ungleichen Preisen zu haben,
Fischmehl für die Hälfte, Kabeljau für ⅓ und Stockfisch für weniger als
¹⁄₁₀ dessen, was Rindfleisch kostet.

Vergleicht man wiederum das Rindfleisch mit frischem Hecht, so
wird man sehen, dass dieser theurer ist. Der Hecht kostet nämlich 25 Öre
pr ℔ schwedisch = 59 Öre pr Kilo. Der Hecht enthält doch nur 16 Proc.
Trockensubstanz, wovon beim Reinigen ungefähr die Hälfte verloren geht,
und sind demnach 2.9 Kilo frischer Hecht = 1 Kilo Rindfleisch. 1 Kilo
Rindfleisch kostet 117 Öre, 2.9 Kilo Hecht 171 Öre und ist demnach der
Hecht beinahe um 50 Proc. theurer als Rindfleisch.

Aus diesen Vergleichungen geht deutlich hervor, wie auffallend
billig der Stockfisch im Vergleich zu diesen und anderen animalischen

¹) Der Preis war im letzten Halbjahr 55 Öre, da aber dieser Preis Manchem
etwas hoch erscheint, habe ich den alten Preis, 50 Öre pr ℔ meinen Berechnungen
zu Grunde gelegt.

Nahrungsmitteln ist. Obgleich Stockfisch und Fischmehl als Nahrung identisch sind, kostet dieses doch 5 ¼ Mal so viel wie jener, welches unleugbar für die Verschiedenheit, die sich zwischen diesen beiden Nahrungsmitteln findet und die sich auf eine feinere Vertheilung der Fleischmasse und daraus sich ergebende leichtere Zubereitung und grössere Anwendbarkeit beschränkt, sehr gut bezahlt ist. Es ist Schade, dass diese bessere Form für den Gebrauch von getrockneten Fischen nicht billiger zu haben ist, denn dann würde zweifelsohne das Fischmehl eine viel grössere Ausbreitung gewinnen. Es will mir auch scheinen, als könnte man das Fischmehl weit billiger verkaufen, wenn man erwägt, dass der ebenfalls getrocknete Stockfisch nur den fünften Theil dessen, was für Fischmehl verlangt wird, kostet. Da man nun in den Bohusländschen Scheeren Weisslinge, Dorsche und andere Fische in grossen Massen fängt und dieselben dort, wenigstens des Sommers, zu Spottpreisen verkauft und im Allgemeinen wenig achtet, so wäre es sehr zu wünschen, dass man von einer so werthvollen Nahrung grösseren Nutzen zöge, und z. B. Fischmehl daraus machte, das unleugbar nahrhaft, leicht anwendbar, schmackhaft und vor Allem haltbar ist, und demnach auf einen grossen Verbrauch zu rechnen hätte, wenn dasselbe zu einem billigen Preise hergestellt würde, welches auch bei einer zweckmässigen Zubereitung und Fabrikation in grossem Massstabe möglich sein muss.

Aus den oben mitgetheilten Analysen von Fischfleisch und den darauf sich gründenden Vergleichungen zwischen verschiedenen Arten von Fischen unter einander und mit Rindfleisch scheint mir unter anderem der Schlusssatz berechtigt zu sein, dass verschiedene Arten gesalzener und getrockneter Fische, als Kabeljau, Häring, und vor Allem der Stockfisch, unter Berücksichtigung der Nährkraft und des Verkaufspreises derselben im Vergleich zu Fleisch und anderen animalischen Nahrungsmitteln entschieden billig sind und dass diese Fische eine weit grössere und allgemeinere Verbreitung, als sie bisher gehabt haben, verdienen. Besonders empfehlen sie sich für Arbeits- und Versorgungsanstalten, Gefängnisse u. dgl., wo man genöthigt ist, danach zu sehen, dass die Nahrung hinreichend und nährend sei, also eine hinreichende Menge Proteinstoffe enthalte, wo aber die Mittel nicht gestatten, grosse Summen auf eine grössere Schmackhaftigkeit derselben zu verwenden.

a. Frische Fische und Rindfleisch.

		1. Aal. Muraena anguilla.	2. Makrele. Scomber scombrus.	3. Lachs. Salmo salar.	4. Strömling. Clupea harengus v. membras.	5. Rind. Bos taurus.	6. Scholle. Pleuronectes platessa.	7. Barsch. Perca fluviatilis.	8. Dorsch. Gadus callarias.	9. Hecht. Esox lucius.
Lösliches Albumin	a	1.46	2.74	3.39	2.64	2.13	1.72	3.61	1.78	2.52
Unlösliche Proteinstoffe . .	b	8.14	11.84	11.02	11.76	14.29	12.31	9.01	9.33	7.64
Leimbildner	c	2.04	1.01	1.50	2.53	1.46	3.17	3.74	2.69	2.82
Proteinstoffe	d	11.64	15.59	15.91	16.93	17.88	17.20	16.36	13.80	12.98
Extractivstoffe	e	1.78	1.87	2.15	2.30	1.95	2.15	1.76	1.58	1.85
Fett	f	32.88	16.41	10.12	5.87	2.28	1.80	0.44	0.20	0.15
Salze	g	0.92	1.70	1.49	1.65	1.13	1.46	1.38	1.44	1.13
Wasser	h	52.78	64.43	70.33	73.25	76.76	77.39	80.06	82.98	83.89
Trockensubstanz	i	47.22	35.57	29.67	26.75	23.24	22.61	19.94	17.02	16.11
Stickstoffprocente	k	2.105	3.225	3.103	3.013	3.328	3.198	2.898	2.674	2.370
Daraus berechnete Proteinstoffe	l	11.24	17.22	16.57	16.09	17.77	17.08	15.48	14.28	12.66
Unlösliche Salze	m	0.26	0.25	0.32	0.89	0.65	0.44	0.57	0.75	0.22
Lösliche Salze	n	0.66	1.45	1.17	0.76	0.48	1.02	0.81	0.69	0.91
Chlorgehalt	o	0.013	0.173	0.043	0.079	0.059	0.140	0.061	0.097	0.186
Für wasserfreies Fleisch berechnet: Proteinstoffe	p	21.65	43.83	53.62	63.29	76.94	76.07	82.04	81.08	80.57
Extractivstoffe	q	3.77	5.26	7.25	8.60	8.39	9.51	8.83	9.28	11.48
Fett	r	69.63	46.14	34.11	21.94	9.81	7.96	2.21	1.18	0.93
Salze	s	1.95	4.77	5.02	6.17	4.86	6.46	6.92	8.46	7.02
Stickstoffprocente . .	t	4.46	9.07	10.46	11.26	14.32	14.14	14.53	15.71	14.71

b. *Gesalzene Fische.*   c. *Getrocknete Fische.*

		10.	11.	12.	13.	14.	15.	16.	17.
		Häring. Clupea harengus.	Makrele. Scomber scombrus.	Lachs. Salmo salar.	Kabeljau. Gadus molva vel morrhua.	Stromling. Clupea harengus v. membras.	Stockfisch. Gadus virens.	Fischmehl. Gadus.	Leng. Gadus molva.
Lösliches Albumin . . .	a	1.71	1.28	2.73	0.60	1.00	5.36	3.38	1.86
Unlösliche Proteinstoffe . .	b	11.31	15.68	15.10	16.07	13.82	54.01	50.56	38.60
Leimbildner	c	1.93	1.50	1.41	7.06	1.76	12.35	10.17	13.72
Proteinstoffe	d	14.95	18.46	19.24	23.73	16.58	71.72	64.11	54.18
Extractivstoffe	e	5.52	2.74	3.02	3.70	2.82	6.48	9.11	4.90
Fett	f	21.30	14.10	12.00	0.40	7.05	1.20	0.70	0.57
Salze	g	15.66	16.27	14.70	19.75	17.93	6.89	8.73	11.82
Wasser	h	42.57	48.13	51.04	52.12	55.62	13.71	17.02	28.53
Trockensubstanz	i	57.43	51.57	48.96	47.58	44.38	86.29	82.98	71.47
Stickstoffprocente	k	2.925	3.331	3.581	4.575	3.100	12.79	12.17	9.46
Daraus berechnete Proteinstoffe	l	15.62	17.79	19.12	24.43	16.55	68.30	65.00	50.51
Unlösliche Salze	m	1.43	1.13	0.72	1.42	0.83	3.83	7.00	2.29
Lösliche Salze	n	14.23	15.11	13.98	18.33	17.10	3.06	1.73	9.53
Chlornatrium	o	13.65	14.50	13.81	18.00	16.24	0.19	0.60	9.08
Für Wasserfreies Fleisch berechnet: Proteinstoffe	p	26.03	35.80	39.30	49.88	37.36	83.11	77.62	75.81
Extractivstoffe	q	9.61	5.31	6.17	7.77	6.35	7.51	11.02	6.86
Fett	r	37.09	27.34	24.51	0.84	15.89	1.39	0.84	0.79
Salze	s	27.27	31.55	30.02	41.51	40.40	7.99	10.52	16.54
Stickstoffprocente . .	t	5.093	6.459	7.314	9.62	6.985	14.82	14.67	13.23